冶金工业出版社

普通高等教育"十四五"规划教材

安全人机工程课程思政案例集

主编　黄志安　张英华　刘佳

北京
冶金工业出版社
2025

内容提要

本书以“专业+思政”为核心理念，共分14章，每章由安全人机工程相关概念和相应的思政案例组成，涵盖人机界面设计、人体测量学应用、职业安全行为分析等核心技术领域，并融入最新国家标准与行业实践要求。思政案例融合国家发展战略、国家安全生产法律法规、新时代安全生产理念等，引导读者树立正确的安全观和职业道德，增强社会责任感和历史使命感，为我国安全生产和人民生命财产安全贡献力量。

本书内容广泛，形式新颖，可作为高等院校安全工程、工业工程等专业的课程思政教材，也可供安全生产监管部门、企业管理部门参考。

图书在版编目（CIP）数据

安全人机工程课程思政案例集 / 黄志安，张英华，刘佳主编. -- 北京 ：冶金工业出版社，2025. 9.
（普通高等教育“十四五”规划教材）. -- ISBN 978-7-5240-0317-5

Ⅰ. X912.9；G641

中国国家版本馆 CIP 数据核字第 2025HV9781 号

安全人机工程课程思政案例集

出版发行 冶金工业出版社　**电　话** (010)64027926
地　址 北京市东城区嵩祝院北巷39号　**邮　编** 100009
网　址 www. mip1953. com　**电子信箱** service@ mip1953. com

责任编辑 张佳丽　美术编辑 吕欣童　版式设计 郑小利
责任校对 梁江凤　责任印制 禹 蕊
唐山玺诚印务有限公司印刷
2025年9月第1版，2025年9月第1次印刷
787mm×1092mm 1/16；10.75 印张；257 千字；159 页
定价 48.00 元

投稿电话 **(010)64027932** **投稿信箱** **tougao@cnmip. com. cn**
营销中心电话 **(010)64044283**
冶金工业出版社天猫旗舰店 **yjgycbs. tmall. com**
（本书如有印装质量问题，本社营销中心负责退换）

前　言

安全是人类生存和发展的基本要求，是生命与健康的基本保障。随着科技进步和社会的飞速发展，安全问题越来越受到社会的关注。为了减少意外事故，保障安全、健康的生产条件和作业环境，形成了安全科学与工程学科。

随着智能技术革新和产业升级加速，人机系统安全已成为现代安全生产体系的关键环节。本书聚焦“安全”与“思政”的双向融合，希望引导读者在掌握专业知识的同时强化使命担当意识。

本书是在借鉴国内外同类教材的基础上，为适应新的教学改革需要而编写的。全书内容广泛，通过14个模块化教学单元，将国家发展战略、安全生产理念与专业技术知识有机衔接。每个案例均以“安全”为核心，结合国家的发展战略与社会思政热点，系统解析了安全人机功能匹配、安全人机设计等关键技术要点。

本书由北京科技大学资源与安全工程学院安全科学与工程系黄志安、张英华和刘佳担任主编，高玉坤、赵焕娟和于荣霞担任副主编，具体编写分工如下：黄志安编写第1~2章，张英华编写第3章，刘佳编写第4章，黄志安和高玉坤编写第5~6章，张英华和于荣霞编写第7章，于荣霞和孟可盈编写第8章，黄志安、高玉坤和陈淞誉编写第9章，黄志安、刘佳和常锦璐编写第10章，张英华和孟可盈编写第11章，赵焕娟和陈淞誉编写第12章，刘佳和常锦璐编写第13章，赵焕娟、于荣霞和陈淞誉编写第14章，黄志安统稿。

北京科技大学资源与安全工程学院的金龙哲教授、潘建红教授和中国矿业大学（北京）的佟瑞鹏教授对本书进行了全面、细致的审阅，提出了许多宝贵的修改意见和建议，在此表示衷心感谢！

本书在编写过程中得到了北京科技大学教材建设经费的资助，得到了北京科技大学教务处的全程支持。并在编写过程中参考了国内外安全人机工程、安全理论、行业安全相关的科技文献和书目，在此表示诚挚的谢意。

由于编者水平所限，书中不妥之处，敬请广大读者批评指正。

编 者

2025 年 5 月

目 录

1 绪 论

【本章导语】

安全人机工程学是科技与人文的交叉领域，本章通过历史溯源、案例剖析与思政讨论，引导读者理解“以人为本”的设计理念，树立安全生产的社会责任感。

【学习目标】

❖ 掌握安全人机工程学的核心概念。

❖ 通过案例分析理解技术伦理与社会责任。

1.1 安全人机工程学：定义与案例

1.1.1 学科内涵与研究对象

1.1.1.1 安全人机工程学的定义

安全人机工程学是从安全的角度，运用人机工程学的原理和方法去解决人机结合面临的安全问题的一门新兴学科。安全人机工程学以安全为目标，以工效为条件，将与以安全为前提、以工效为目标的工效人机工程学并驾齐驱，共同成为安全工程学的重要分支学科。该学科在美国被称为人类工程学（human engineering）或人类因素工程学（human factors engineering），西欧多称为工效学，日本称为人间工学。在我国名称尚未统一，除常用的人机工程学和人机工程设计外，还有人体工程学、人类工程学、人类工效学、工效学、工程心理学等。

国际工效学学会（IEA）认为，人机工程学是研究人在某种工作环境中的解剖学、生理学和心理学等方面的各种因素，研究人和机器及环境的相互作用，研究在工作、家庭生活中和休假时怎样统一考虑工作效率、人的健康、安全和舒适等问题的学科。国内学者一般认为，人机工程学是运用生理学、心理学、生物力学和其他有关学科知识，使机器和人相互适应，创造舒适和安全的环境条件，从而提高工效的一门科学。从上述对本学科的命名和定义来看，尽管学科名称多样，定义存在不同程度的分歧，但是本学科的研究对象、研究方法、理论体系等方面并不存在根本上的区别。这正是人机工程学作为一门独立学科存在的理由，同时也充分体现了学科边界模糊、内容综合性强、涉及面广等特点。

1.1.1.2 安全人机工程学的研究对象和研究内容

A 安全人机工程学的研究对象

(1) 人（man）：指活动的人体，即安全主体。

(2) 机（machine）：是广义的，包括劳动工具、机器（设备）、劳动手段和环境条件、原材料、工艺流程等所有与人相关的物质因素。

(3) 人机结合面（man-machine interface）：人和机在信息交换和功能上接触或互相影

响的领域（或称“界面”）。

B 安全人机工程学的研究内容

（1）人的因素方面：主要包括人体生理、心理、人体测量及生物力学。

（2）机的因素方面：主要包括显示器和控制器等物的设计。

（3）环境因素方面：主要包括采光、照明、尘毒、噪声等对人身心产生影响的因素。

（4）人机系统的综合研究：包括人机系统的整体设计、岗位设计、显示器设计、控制器设计、环境设计、作业方法及人机系统的组织管理等。

1.1.2 【案例】切草机事故 ◆ 实践与探索

1.1.2.1 事故案例

农民张某购买了一台9F-40型多功能铡揉粉碎机，该机具有铡草和粉碎两种功能。在购回第三天进行铡草作业时，机器的排料风筒开焊，连同出料斗一起脱落。张某自己焊接了一段风筒，事后的一次铡草作业时，由于随机器配备的隔板不配套，草料不仅从排草口排出，还从焊接的风筒处排出，张某在用塑料布封堵从风筒处排出的草时，其右手连同塑料布一起被卷入铡掉。

1.1.2.2 事故原因分析

从这个案例中可以看到一些明显的操作人员安全意识和机器设计的问题。张某在机器出现故障后，没有选择寻求专业的维修帮助，而是自己进行焊接修理。然而，他却没有考虑到这种修理可能带来的安全风险，例如，焊接不稳定可能导致进一步的故障，或者塑料布封堵可能使草料从风筒处排出时产生的强大气流导致手部卷入。此外，该机器具有铡草和粉碎两种功能，但随机器配备的隔板却不配套，这说明该机器的设计存在缺陷。

1.1.2.3 思政要点

实践是检验真理的唯一标准，而在生产实践中，安全则是不可忽视的生命线。张某在使用9F-40型多功能铡揉粉碎机时发生的切手事故，再次敲响了安全生产的警钟。这起事故不仅给受害者张某及其家庭带来了难以挽回的损失，也暴露了在农业机械使用和维护过程中存在的安全隐患和责任缺失。从事故发生的经过来看，张某在购买机器后的第三天就遇到了排料风筒开焊的问题。面对这一突发状况，张某选择了自行焊接修复，而非寻求专业维修人员的帮助。这一行为虽然暂时解决了问题，但却为后续的事故埋下了隐患。由于焊接的风筒与机器原配部件不配套，草料从非设计排出口排出，进而引发了张某在封堵过程中被卷入机器的惨剧。

从实践与探索的角度来看，这起事故为我们提供了宝贵的教训。首先，机械设备的安全性能是保障生产安全的基础。9F-40型多功能铡揉粉碎机在设计上虽然具有铡草和粉碎两种功能，但在实际使用过程中，其排料风筒的焊接强度、配套隔板的适配性等关键问题却暴露出了明显的不足。这要求在设备采购时，不仅要关注其功能性和性价比，更要对其安全性能进行严格的审查和测试。其次，用户的操作技能和安全意识也是影响生产安全的重要因素。张某在自行焊接风筒时，显然没有充分意识到这一行为可能带来的安全隐患。此外，在封堵草料排出口时，张某也缺乏必要的安全防护措施和应急处理能力，导致事故发生后无法及时自救。这提醒人们，在推广和使用农业机械时，必须加强对用户的安全教育和技能培训，提高他们的安全意识和应急处理能力。

为此，应深刻吸取这起切草机器切手事故的教训，加强农业机械的安全监管和用户的安全教育。对于农业机械生产企业而言，应不断提升产品的安全性能和质量水平；对于用户而言，应增强安全意识和操作技能；对于政府部门而言，应加大安全监管力度，完善相关法律法规和标准体系。只有这样，才能共同构建一个安全、高效、和谐的农业生产环境。

1.1.3 【案例】航空事故◆社会责任担当

1.1.3.1 事故案例

国内某航空公司曾发生一起严重的空难。

1.1.3.2 事故原因分析

官方信息披露，在这起事故中，一系列人为和机器的错误导致飞机失控，而维修失误是该次空难的主要原因。该飞机的航电系统插口设计不当，容易发生插头错插现象，且没有防插错的措施。在事发的前一天晚上，地面维修人员在更换飞机的安装架时，将滚转阻尼通道插头和偏航阻尼通道插头错插，令客机的偏航控制组件连接到滚转阻尼通道，滚转控制组件连接到偏航阻尼通道，导致飞机在起飞后阻尼器让飞机不受控制地飘摆，最终因为机体动作超出飞机结构承受能力而空中解体。

1.1.3.3 思政要点

案例事故是一起令人痛心的空难，它不仅给遇难者家属带来了无尽的悲痛，也给整个社会敲响了安全警钟。从事故中，不仅要反思航空安全的问题，更要从社会责任感的角度出发，审视企业在安全生产、社会责任等方面的担当与缺失。社会责任感是企业应尽的义务，它要求企业在追求经济效益的同时，必须关注社会公共利益，确保自身的行为符合社会道德和法律规范。在航空领域，安全是航空企业的生命线，确保飞行安全不仅是企业的法律责任，更是其社会责任的重要体现。然而，案例事故的发生，暴露出企业在安全管理、飞行操作、飞机维护等方面存在的严重问题，这些问题直接导致了悲剧的发生。

从社会责任感的角度来看，航空企业在安全生产方面承担着不可推卸的责任。企业应当建立健全的安全管理体系，加强对飞行人员的培训和管理，确保飞机的适航状态，以及应对突发事件的预案和演练。然而，在这起事故中，人们不禁要问，企业的安全管理体系是否真正发挥了作用？飞行人员在飞行过程中是否严格遵守了操作规程？飞机的维护工作是否得到了足够的重视和执行？这些问题的答案，无疑指向了企业在安全生产方面的疏漏和不足。此外，从更广泛的社会责任角度来看，企业还应当承担起对消费者、员工、社区以及环境等方面的责任。在航空领域，这意味着企业不仅要确保飞行安全，还要关注乘客的舒适度、员工的福利待遇、对周边社区的影响以及环保措施的实施等。然而，在这起事故中，企业的社会责任感显然没有得到充分的体现。

综上所述，这起事故给人们带来了深刻的教训。它提醒人们，企业在追求经济效益的同时，绝不能忽视社会责任的履行。应深刻吸取案例事故的教训，加强安全意识教育，提高全社会的安全风险防范能力。此外，还应当积极推动企业社会责任的履行，倡导企业关注社会公共利益，实现经济效益与社会效益的双赢。只有这样，才能共同构建一个安全、和谐、稳定的社会环境。

1.2 安全人机工程学的起源与发展

1.2.1 历史脉络与学科演进

安全人机工程学，作为一门综合性的学科，其起源可追溯至人类对工作效率与安全性的不断追求与探索。在漫长的历史长河中，人类逐渐认识到在设计工具、机器以及生产流程时，必须充分考虑到人的生理、心理特性以及人机交互的和谐性，以确保工作的安全与高效。早在数千年前，人类就开始制作简单的劳动工具，并逐步意识到工具的形状、尺寸和使用方式应当与人的手、臂等身体部位相适应，以提高劳动效率并减少疲劳。这一朴素的思想可以视为安全人机工程学的初步萌芽。随着工业革命的兴起，机器逐渐取代了部分人力劳动，人、机、环境三者之间的关系变得更为复杂。在这一背景下，安全人机工程学逐渐形成并发展。

安全人机工程学的核心概念在于从安全的角度研究人与机器的关系，旨在确保人在使用机器或参与生产活动时能够保持安全、健康和舒适的状态。这一学科综合运用人体测量学、生理学、心理学、生物力学以及工程学等多个学科的知识和方法，对人机系统中的各种问题进行综合研究。以汽车设计为例，安全人机工程学的应用体现在多个方面。例如，在驾驶座椅的设计中，考虑到人体的生理结构和驾驶时的姿势变化，设计师会采用人体工程学原理，确保座椅能够提供良好的支撑和舒适度，减轻驾驶疲劳，从而提高驾驶安全性。随着科技的不断进步和人们对安全、健康、舒适需求的不断提高，安全人机工程学将在更多领域得到应用和发展。未来，可以期待看到更多基于安全人机工程学理念的产品和解决方案，为人们的生活和工作带来更多便利和安全保障。

1.2.2 西方人机工程学 ◆ 以人为本

早期，随着工业革命的发展，人机工程学的概念开始在英国和美国等发达国家萌芽。19 世纪末期，美国工程师 Taylor 开始研究产业中的时间和运动，试图通过优化工作流程和工具设计来提高生产效率。这些研究为人机工程学的发展奠定了理论基础。20 世纪初，随着工业化进程的加速，人们开始关注机器与人之间的协调与效率问题。英国在这一时期开始对人机关系进行深入研究，为后来的学科发展奠定了基础。进入 20 世纪中期，人机工程学逐渐得到了更多国家的认可和重视。在人机工程学的发展进程中经历了 3 个阶段，分别是原始人机关系、经验人机工程学和现在的人机工程学。

1.2.2.1 原始人机关系

原始人机工程——人类开始利用工具。自人类社会形成以来，人类的生活就离不开器具，也就有了人和器具的最原始的人机关系。在古代虽然没有系统的人机学研究方法，但人类所创造的各种器具，从形状的发展变化来看，是符合人机工程学原理的：旧石器时代所创造的石刀、石斧等狩猎工具，大部分是直线形状；新石器时代，人类所创造的锄头、铲刀以及石磨等工具的形状，就逐步变得更适合人使用了；青铜器时代以后，人类新创造的工具更是大大向前发展了。在古埃及的石碑雕刻里就有一些器皿的造型，从它们的造型可以很清楚地看出古埃及人在日常生活、工作中已经开始考虑人机关系了。

这些工具的演变展示了一个逐步优化的过程，使得工具越来越适应人类的使用需求。这种优化体现了人机工程学的核心思想：设计应以人为本，提高工具使用的效果和舒适度。古代人们在设计工具时，已经在某种程度上考虑了工具的使用便捷性和效果，体现了人机结合的初步思想。随着时间的推移，工具的设计不断优化，标志着人机工程学思想的逐步发展。设计不仅要满足功能需求，还要考虑用户的使用体验。这些历史上的实践虽未系统化地形成理论，但已经展现了对人机关系的重视，为现代人机工程学提供了宝贵的启发，即系统化地思考人机关系，并在设计中综合考虑各种因素。此外，工具设计的逐步演进还显示了设计优化是一个持续的过程，现代设计者应从历史中学习，认识到不断测试和改进的重要性。古代工具的改进不仅是技术的进步，也反映了社会对生产力提升的追求，推动了社会发展和人民生活水平的提高。这一过程体现了以人为本的设计理念，与社会主义核心价值观中的“以人为本”思想相一致，强调了设计应关注人的需求，服务于人民的实际生活，体现了深厚的人文关怀。

1.2.2.2 经验人机工程学

在这一时期，许多学者对人机工程领域进行了各种实验，以寻求人机结合的平衡，这也是人机工程学思想的雏形，其中就包括肌肉疲劳实验、铁锹作业实验和砌砖作业实验等著名试验。这些实验内容体现了人机工程学的多个核心思想，并在该领域的发展中具有重要的意义。

莫索在 1884 年的肌肉疲劳实验中通过电信号反映人体疲劳程度，展示了对人体负荷的关注和科学测量方法的应用，这为劳动科学和人机工程学的量化分析奠定了基础，推动了对人体性能的科学研究，并有助于优化工作安排，提升效率和安全性。泰勒于 1898 年的铁锹作业实验中专注于工具设计与操作效率的关系，通过确定最佳工具设计，优化了人机结合效果，反映了对人体工程学的深刻理解。这一研究不仅奠定了工具设计科学化的基础，也显著提高了生产效率，推动了工业化进程中的生产力提升。吉尔伯勒斯的砌砖作业实验通过分析工人的动作并去掉多余动作，提升了工人的工作效率，并展示了技术应用于动作优化的创新方法。这一实验的成功推动了生产流程的标准化和优化，为后续的生产管理提供了重要参考。

这些实验展示了技术和科学方法在提升生产效率和工作条件中的重要作用，反映了工业化进程中技术创新对社会进步的推动作用；这些实验都围绕着如何优化人机结合、提高工人工作效率和舒适度展开，这与社会主义核心价值观中的“以人为本”理念高度契合，强调了科学技术应服务于人类的实际需求。此外，通过科学研究改善工作条件和工具设计，体现了对劳动者身心健康的关注。这种关注不仅推动了生产力的提升，也提升了劳动者的生活质量，体现了科技进步对社会福利的贡献。同时，这些历史经验为现代科技的发展提供了宝贵的参考，提醒我们继续结合现代科技推动人机工程学的发展，为社会进步做出更大贡献。

1.2.2.3 现在的人机工程学

人机工程学，作为一门研究人在工作环境中的解剖学、生理学、心理学等方面的各种因素，以及人和机器、环境之间相互作用的学科，其核心理念与以人为本的设计思想高度契合。早期的人机工程学研究主要关注如何使“人适应机器”，通过选拔和培训操作者来提高生产效率。然而，随着社会的进步和科技的发展，人们逐渐意识到，单纯强调人适应机器的设计思路不仅限制了人的潜能发挥，还可能对劳动者的身心健康造成损害。因此，人机工程学的研究方向开始转向如何使“机器适应人”，力求通过优化机器设计来改善人机交互界面，提高工作效率，同时保障人的健康、安全和舒适度。

进入21世纪，人机工程学的研究和应用范围进一步扩大，现已全面进入航空航天、通信、计算机科学、交通、建筑等多个领域。这一学科的发展不仅推动了相关技术的进步，更重要的是，它体现了人类对自身生存环境和劳动条件的深切关怀。通过深入研究人的生理、心理和行为特性，以及这些特性如何与机器和环境相互作用，人机工程学为设计出更加符合人体工程学原理的产品和环境提供了科学依据。以人为本的设计思想，强调在设计过程中充分尊重人的特点和需要，将人的需求作为设计的出发点和归宿。这一思想与人机工程学的核心理念不谋而合。

1.2.2.4 *思政要点*

当前的人机工程学研究仍面临着诸多挑战。随着人工智能、大数据等技术的快速发展，人机交互的方式和环境正在发生深刻变革。如何在新的技术背景下，继续坚持以人为本的设计思想，推动人机工程学的创新发展，是需要深入思考的问题。

因此，应积极拥抱技术变革，加强跨学科合作，推动人机工程学与其他学科深度融合。同时，还应加强宣传教育，提高公众对人机工程学的认识和重视程度，共同推动这一学科的发展和应用。只有这样，才能设计出更加符合人体工程学原理的产品和环境，为人们的生活和工作带来更加便捷和舒适的体验，真正实现以人为本的发展理念。

1.2.3 中国传统的人机智慧 ◆ 人机和谐统一

1.2.3.1 *发展历程*

中国的人机工程学起步较晚，但发展很快，主要分初期、创建期、成熟期3个时期。在发展初期，机械设计着眼于力学、电学、热力学等工程技术方面的优选上，在人机关系上以选择和培训操作为主，使人适应机器。在创建期，也就是从第二次世界大战期间起，我国开始进行新式武器和装备的功能研究。该时期发展特点是重视工业与工程设计中“人的因素”，力求使机器适应于人。而到了成熟期，即20世纪60年代起，现代人机工程学发展又有了新的特点：着眼于机械装备的设计，使机器的操作不超越人类能力界限；与实际应用相结合，通过严密的计划确定广泛的实验性研究，尽可能利用所掌握的基本原理，进行具体的机械装备设计；力求使实验心理学、生理学、功能解剖学等学科的专家与物理学、数学、工程学方面的研究人员共同努力、密切合作。

1.2.3.2 *应用实例*

中国传统的人机结合思想，深深根植于悠久的文化历史之中，并体现在古代的众多著作之中，如《天工开物》和《考工记》等。这些经典著作不仅反映了古代工匠的精湛技艺，也体现了对人机关系深刻而独到的理解。以《考工记》为例，这部古代工艺文献中对于兵器的描述，实际上蕴含了丰富的人机工程学观念。在兵器的制作中，古代工匠不仅注重兵器的实用性和美观性，更重视兵器与人体的结合。例如，在描述弓箭时，工匠们会根据使用者的身材、体质和性格等因素，来定制不同形状和重量的弓箭，以确保使用者能够舒适、准确地使用。这种对个体差异的关注和适应，正是人机工程学思想在古代兵器制作中的体现。

此外，《考工记》还强调了兵器使用的宜人性。这包括兵器的手柄设计、重心分布以及整体造型等方面，都需要考虑到人体的生理结构和运动规律。例如，手柄的设计需要符合人手的握持习惯，重心分布需要使得使用者能够轻松操控兵器，整体造型也需要符合审美要求，以便在使用时能够给使用者带来良好的心理感受。与现代人机工程学观念相比，中国传统的人机结合思想更加注重人与物的和谐统一。这种和谐不仅体现在物质层面，如兵器的形状、尺寸和重量等，更体现在精神层面，如使用者对兵器的情感认同和心理感受。因此，在中国传统的人机结合思想中，物不仅仅是满足人需求的工具，更是与人产生情感共鸣、体现人精神追求的重要载体。

1.2.3.3 思政要点

随着时代的发展，中国传统的人机结合思想也在不断演变和完善。现代的中国设计师在继承和发扬传统思想的基础上，更加注重对现代科技的应用和创新。他们通过引入现代人机工程学的理论和方法，对传统工艺和产品进行改造和提升，使其更加符合现代人的使用习惯和审美需求。

总的来说，中国传统的人机结合思想具有深厚的文化底蕴和独特的价值观念。它强调人与物的和谐统一，注重个体差异和宜人性，为现代人机工程学的发展提供了重要的启示和借鉴。作为学生，应该认识到随着时代的进步和科技的发展，中国传统的人机结合思想也在不断创新和完善，为现代设计领域注入了新的活力和灵感。要主动学习人机结合的理念，通过参与相关项目和讨论，提升对人机交互的理解，并在今后的工作中应用这些知识，推动行业的发展。

1.3 安全人机工程学应用创新和领域探索

1.3.1 安全人机工程学应用领域 ◆ 文化传承

1.3.1.1 应用领域

安全人机工程学是人机工程学的应用方向之一，人机工程学作为技术科学层次上的基础性学科，其应用领域极为广泛，除了按应用方向可以区分工效人机工程学和安全人机工程学外，可以把它与人有直接关系的应用领域分为机具类、作业类、环境类和人体本身等主要研究领域。

(1) 机具类包括：1) 机械，机器、运输机械、家用电器等；2) 器具，用具、工具、办公用品等；3) 设备与设施，工厂、学校、城市设施等；4) 被服，被褥、服装、帽等。

(2) 作业类则涉及作业条件及方法，生产作业、体力作业、智力作业、危险作业以及训练、运动等活动。

(3) 环境类包括工厂、车间、控制室、操纵室、驾驶室、检验室、办公室、住宅、学校、医院、商店、场馆及公共场所等场地的空间与环境因素。

(4) 人体本身的主要研究领域包括人体信息处理系统（信息处理能力的界限、信息处理能力的变化），脑电波与大脑意识水平、疲劳与恢复、人体节律特征及人的心理与生理在活动过程中的变化等。

安全人机工程学也是一门综合性的学科，涉及人类行为、机械设计、心理学、人体工程学等多个领域，旨在设计和改善人与机器之间的交互过程，以确保人员在使用机器、设备或系统时的安全性、高效性和舒适性。安全人机工程学的应用领域非常广泛，包括但不限于交通运输领域、医疗保健领域、工业生产领域、信息技术领域、军事领域、消费品领域、老年人和残障人士辅助设备。

总的来说，安全人机工程学的应用领域涵盖了几乎所有与人机交互相关的领域，其目标是通过科学的设计和改进，使人与机器之间的交互更加安全、高效和舒适。

1.3.1.2 安全人机工程学在不同领域的具体应用实例

（1）航空航天：在飞机驾驶舱的设计中，安全人机工程学可以确保飞行员可以轻松访问和操作所有必要的控件和显示器，同时保证他们在紧急情况下可以快速做出反应。例如，国产大飞机 C919 的飞机驾驶舱通过贯彻“以人为本”的理念进行设计，充分考虑了飞行员的意见，对驾驶舱布置、显示、告警等设计不合理的地方进行完善。

（2）医疗设备：在手术室内，安全人机工程学可以确保手术台的设计符合外科手术的需求，医生可以轻松地调整手术台的位置和角度，同时确保手术室内的设备布局合理，便于医护人员进行操作，并保证患者的安全和舒适。例如，新型智能化妇科手术台通过采用传感器、液压驱动和 PLC 控制，实现手术台的智能复位和控制，不仅便于医护人员操作，还可以针对不同患者进行自适应调节和安全保护。

（3）汽车工业：汽车的驾驶舱设计需要考虑驾驶员的舒适度和安全性。安全人机工程学可以帮助设计方向盘、座椅、仪表板等部件的布局和位置，以减少驾驶员疲劳和提高驾驶员对车辆状态的感知。例如，斯堪尼亚汽车公司设计的高顶驾驶室，其室内高度已达到 2000 mm 以上，并带有多种调节功能的部件和舒适的休息空间，空气悬挂座椅加上驾驶室空气悬置为驾驶员提供了舒适环境。

（4）工业生产：在工厂生产线上，安全人机工程学可以优化操作界面、机械臂控制系统等，使操作员能够更加轻松地控制设备并且减少意外伤害的风险。例如，工控一体机触摸屏通过直观的触摸操作，使得信息查询、数据录入和生产监控变得更加便捷。员工只需轻触屏幕，就能轻松获取所需的生产数据，减少了烦琐的操作步骤，降低了人为错误发生的可能性。

（5）游戏设计：在电子游戏的设计中，安全人机工程学可以确保游戏界面清晰易懂，操作简单流畅，以提高玩家的游戏体验，并且避免因为不合理的设计导致玩家在游戏过程中受伤。例如，《小小画家》以极简触控逻辑适配全年龄段玩家，新手教程采用分步式交互引导，结合视觉高亮、语音提示和触觉震动等人机交互方式，帮助玩家快速掌握核心操作。

（6）办公设备：在办公场所使用的打印机、复印机等设备的设计中，安全人机工程学可以确保设备的操作界面简单易懂，避免因为误操作导致的事故发生，同时考虑到长时间使用时对用户的舒适性要求。例如，惠普 Smart Tank 系列打印机控制面板采用了大图标、高对比度显示和分层菜单，同时，使用复杂功能需二次验证，减少了误触风险。

从以上列举的安全人机工程学的应用领域来看，在日常生活和社会发展中的方方面面都与安全人机工程紧密相连，因此有必要不断提升和创新安全人机工程的应用，促进社会快速持续发展和构建更加和谐的社会。

1.3.1.3 思政要点

从文化传承的角度来看，安全人机工程学的应用领域不仅体现了现代科技与人文精神的融合，更是对传统文化智慧的一种继承与创新。安全人机工程学，作为人机工程学的重要分支，致力于研究人、机、环境之间的和谐共生，确保人们在操作机器、使用设备时的安全、舒适与高效。这一理念与我国传统文化中“天人合一”的哲学思想不谋而合，强调人与自然的和谐统一，以及以人为本的发展理念。在安全人机工程学的应用领域中，无论是电话、计算机控制台（如连接在电脑上的键盘和显示器）等日常用品的设计，还是航空、航海等高科技领域的装备研发，都充分考虑了人的生理、心理特性，以及环境因素对使用者的影响。这种设计思路在无形中融入了对人的关怀与尊重，体现了传统文化中“仁爱”与“礼遇”的精神内涵。此外，安全人机工程学在产品设计中的“以人为本”理念，也是对传统文化中“工匠精神”的一种现代诠释。它要求设计师在追求技术创新的同时，更加注重产品的人性化设计，使产品不仅具备实用功能，还能与用户产生情感共鸣，满足用户的心理需求。

综上所述，安全人机工程学的应用领域不仅展现了现代科技的进步与创新，更在深层次上体现了对传统文化智慧的传承与发扬。面对未来，应积极倡导和实践安全人机工程的理念，将传统文化智慧与现代科技相结合，推动社会更加和谐、安全、可持续地发展。同时，也应加强对传统文化的学习和理解，从中汲取智慧和力量，为现代科技的创新和发展注入更多的文化内涵和人文关怀。

1.3.2 【案例】汽车人机设计 ◆ 技术推动

1.3.2.1 安全人机工程学在汽车设计中的应用

安全人机工程学在汽车设计中起着重要的作用。它关注人类的生理和心理特征，以及人与机器之间的交互关系，旨在提高产品的可用性、安全性和用户体验。安全人机工程学在汽车设计的应用主要包括信号灯的设计、仪表盘的设计、方向盘的设计、汽车座椅的设计，以及操纵装置的设计和安全系统的设计。此外，现在还出现了许多基于人机工程学的车载辅助技术功能，如驾驶员人机交互技术、自适应控制系统等，这些设计随着社会的发展也在不断更新迭代，更适应人体的驾驶姿势的同时极大满足了人们其他方面的需求，使汽车成为更加宜人舒适的交通工具。

1.3.2.2 长安深蓝 SL03 汽车内饰设计

长安深蓝 SL03 在人机交互设计上实现技术突破，其搭载的全数字化人机界面由向日葵智能中控屏与 AR-HUD 组成核心交互体系。中控屏采用高通骁龙 8155 芯片，具备 0.1 s 级触控响应速度，支持左右最大 15°旋转，可根据驾驶员坐姿自动调节视角。系统界面遵循“零层级操作”设计理念，将空调控制、驾驶模式切换等高频功能集成在屏幕边缘，驾驶员通过单手滑动即可完成操作。方向盘集成电容式触控按键，结合压力感应算法，可实现驾驶模式、动能回收强度等功能的盲操作，确保双手全程不离方向盘，显著提升驾驶安全性。

在安全交互技术层面，深蓝 SL03 的 AR-HUD 系统通过 DLP 投影技术，将车速、导航箭头、ADAS 预警等信息以虚拟图像形式投射至挡风玻璃。系统采用动态聚焦算法，使信息显示与真实路况自然融合，显示区域覆盖驾驶员最佳视野范围。当车辆接近路口时，导航信息会自动放大并高亮显示，配合车道偏离预警的红色警示边框，有效避免驾驶员因信息获取不及时导致的分心风险，充分体现人机工程学在驾驶安全领域的深度应用。

1.3.2.3 思政要点

从技术推动的角度来看，安全人机工程学在汽车领域的发展不仅展示了科技进步的壮丽画卷，也是人类智慧与创新精神在社会实践中的生动体现，更体现了科技进步对人类生活方式的深远影响。随着技术的不断革新，汽车已经从单纯的交通工具转变为集出行、娱乐、信息获取等多种功能于一体的智能空间。长安深蓝 SL03 的全数字化人机界面、DLP 投影技术、动态聚焦算法等技术的运用，不仅极大地提升了驾驶的便捷性和安全性，更使得汽车在智能化、个性化方面迈出了重要一步。这种转变不仅满足了人们日益增长的出行需求，也丰富了人们的驾驶体验，为现代生活增添了更多色彩。

安全人机工程学在汽车领域的发展也体现了人类创新精神与社会进步的完美结合。在这个过程中，无数科技工作者和设计师付出了辛勤的努力，他们不断探索新技术、新理念，并将其应用于汽车设计中，从而推动了整个行业的进步。长安深蓝 SL03 的设计就是人类创新精神的结晶，它融合了前沿的科技成果和设计师的创意灵感，展现了人类智慧和创造力的无限可能。因此，在推动技术发展的同时，也需要关注其伦理和社会影响，确保技术进步能够造福于人类社会。

面对未来，应积极拥抱技术变革，推动安全人机工程学在各个领域的持续创新与发展。同时，也应秉持开放、包容、理性的态度，关注技术的伦理和社会影响，确保技术进步能够符合人类社会的长远利益。在这个过程中，不仅要追求技术的领先和创新的突破，更要注重技术的社会价值和人文关怀，为构建更加美好、和谐、可持续的社会贡献力量。只有这样，才能真正实现科技进步与人类社会发展的良性互动，共同创造一个更加美好的未来。

1.3.3 【案例】手机交互革新 ◆ 使命担当

1.3.3.1 安全人机工程学在手机设计中的应用

安全人机工程学研究人类与技术系统之间的适配性，包括优化人类与设备的交互效率、安全性和舒适性。在手机设计中，安全人机工程学起着至关重要的作用，因为手机是我们日常生活中最常用的设备之一，合理的人机交互设计可以极大地提高手机的易用性和用户体验。在手机设计中应用安全人机工程学的方面包括人体工学设计、可访问性、人机交互设计、防误触设计、视觉设计等。

1.3.3.2 小米 MIX Alpha 环绕屏设计

小米 MIX Alpha 采用了首创的环绕屏设计，屏占比高达 180.6%。机身仿佛被一整块屏幕所环绕，从正面延伸至背面，让人感受到来自未来世界的奇妙。为了实现环绕屏的设计，小米 MIX Alpha 采用了双折叠的柔性屏幕，应用了创新的屏幕贴合方式和装配技术。这款手机还内置了基于 MIUI 专门定制的 Alpha 概念系统用来适应环绕屏的设计：正面屏幕呈现纯净的内容信息，没有任何干扰；侧面的双侧压感屏用于收纳所有状态信息，而背面屏幕则集合了轻应用，智能地判断场景并提供提醒。小米 MIX Alpha 以其首创的环绕屏设计和双折叠柔性屏技术，重新定义了手机屏幕利用率和用户体验。其创新的 Alpha 概念系统，有效地整合了硬件与软件，提供了沉浸式、智能化的操作界面，彰显了科技前沿探索和用户需求驱动的双重创新意识。

1.3.3.3 思政要点

安全人机工程学在手机领域的发展，不仅见证了科技产品的迭代升级，更是科技企业勇担历史使命、积极回应社会需求的重要体现。在当今这个数字化时代，手机已成为人们生活中不可或缺的一部分，其设计理念的演变直接关乎用户的日常体验、身心健康乃至社会文化的变迁。因此，从安全人机工程学在手机领域的发展中，不仅能够窥见科技进步的力量，更能深刻感受到科技企业所肩负的社会责任与历史使命。随着技术的不断进步，手机的设计越来越注重人性化与智能化。从最初的按键式手机到如今的全面屏、折叠屏，每一次技术的革新都旨在为用户带来更加便捷、高效、舒适的使用体验。

然而，安全人机工程学在手机领域的发展并非一帆风顺。在追求技术创新的同时，科技企业还需要面对诸多挑战，如平衡手机的美观与实用性、保障用户的隐私与安全、如何减少手机使用对身体健康的负面影响等。这些问题，都需要科技企业以高度的社会责任感去认真对待。在此背景下，可以看到众多科技企业积极行动的身影。他们不仅致力于研发更加先进的手机技术，还积极倡导健康使用手机的生活方式，引导用户形成良好的数字生活习惯。同时，这些企业还积极参与社会公益活动，通过捐赠、技术支持等方式，为偏远地区、弱势群体等提供数字教育、医疗服务等支持，帮助他们更好地融入数字化时代。

综上所述，在未来，随着科技的不断进步和社会的不断发展，安全人机工程学将继续面临新的挑战与机遇。应鼓励科技企业继续坚持创新理念，不断突破技术瓶颈，为用户提供更加优质、便捷、安全的手机产品。同时，也应倡导社会各界共同参与安全人机工程学的发展，共同推动科技与社会进步的良性互动。只有这样，才能真正实现科技为人服务、促进社会和谐发展的美好愿景。

习题与思考题

1-1 安全人机工程学的定义是什么？

1-2 安全人机工程学的研究对象和研究内容是什么？

1-3 中国传统人机结合思想强调“和谐统一”，并体现在《考工记》中的兵器设计。请结合现代安全人机工程学的理论，探讨如何在现代产品设计中融入传统的“以人为本”理念？

2 人体的人机学参数

【本章导语】

人体测量是连接科技与人文的桥梁，本章通过统计方法解析、测量仪器应用与工程实践案例，阐释数据驱动的设计思维，强化工程师在产品开发中兼顾科学性、安全性与社会责任感的职业素养。

【学习目标】

❖ 掌握人体测量的核心统计方法及仪器操作原理。

❖ 运用测量数据指导产品参数设计，分析工程案例中的伦理与用户体验平衡。

❖ 树立严谨态度，践行数据隐私保护与技术创新的社会责任。

2.1 人体测量：统计函数与方法

2.1.1 主要统计函数概述

人体测量中的统计函数使用的原理在于，由于个体与群体尺寸的关系，通过测量少量个体的尺寸，经数据处理后而获得较为精确的所需群体尺寸的统计规律和特征参数。运用的数学方法为概率论与数理统计。常用术语有：总体、样本；均值、标准差；适应域；百分位、百分位数等。

2.1.1.1 总体与样本

统计学中，把所要研究的全体对象的集合称为“总体”。人体尺寸测量中，总体是按一定特征被划分的人群。因此，设计产品时必须了解总体的特性，并且对该总体命名，例如，中国成年人、中国飞行员等。

统计学中，把从总体取出的许多个体的全部称为“样本”。各种人体尺寸手册中的数据就是来自这些样本，因此，设计人员必须了解样本的特点及其表达的总体。

2.1.1.2 均值与标准差

均值和标准差是描述一个分布必须用的两个重要的统计量。前者表示分布的集中趋势；后者表示分布的离中趋势。其计算公式如下。

（1）均值：

$$\overline{X} = \frac{1}{n}\sum_{i=1}^{n} X_i \tag{2-1}$$

（2）方差：

$$s^2 = \frac{1}{n-1}\sum_{i=1}^{n}(x_i - \overline{x})^2 = \frac{1}{n-1}\left(\sum_{i=1}^{n} x_i^2 - n\overline{x}^2\right) \tag{2-2}$$

（3）标准差：

$$S_D = \left[\frac{1}{n-1} \left(\sum_{i=1}^{n} (X_i^2 - n\bar{X}^2) \right) \right]^{1/2} \quad (2-3)$$

（4）抽样误差：

抽样误差 = 标准误差 = 全部样本均值的标准差。

$$S_{\bar{x}} = S_D / \sqrt{n} \quad (2-4)$$

2.1.1.3 适应域

一个设计只能取一定的人体尺寸范围，只考虑整个分布的一部分“面积”，称为“适应域”。适应域是相对设计而言的，对应统计学的置信区间的概念。适应域可分为：对称适应域、偏适应域。对称适应域对称于均值；偏适应域通常是整个分布的某一边。

2.1.1.4 百分位和百分位数

百分位由百分比表示，称为“第几百分位”。例如，50% 称为第 50 百分位。百分位数是百分位对应的数值。例如，身高分布的第 5 百分位数为 1543，则表示有 5% 的人的身高将低于这个高度。百分位数将群体或样本的全部测量值分成两部分，有 $K\%$ 的测量值等于和小于它，有 $(100-K)\%$ 的测量值大于它。在人体测量资料中，常常给出的是第 5、第 50 和第 95 百分位数值。在设计中，当需要得到任一百分位数值时，则可按下式求出：

1%～50% 的数值：

$$P = M - SK \quad (2-5)$$

50%～99% 的数值：

$$P = M + SK \quad (2-6)$$

式中，M 为均值；S 为标准差；K 为百分比变换系数。

2.1.2 【案例】生理学参数测量 ◆ 严谨求实

2.1.2.1 人体生理学参数及测量的应用

人体生理学参数及测量包括最大耗氧量及氧债能力、最大心率、搏出量与最大心脏输出、肌电图、呼吸量的测定、脉搏数的测定、发汗的测定、血液成分变化的测定、脑电图。人体的血压、心率、心电、血氧饱和度、体温、辐射能量等生理参数是人体最基本、最重要的生命指标，对这些生理参数的监测能够帮助人们及时掌握其身体状况的变化，最大限度地保障人们的身体健康。

2.1.2.2 华为智能手表生理数据采集系统

华为 Watch 4 Pro 智能手表联合自研心率监测技术与睡眠监测技术，构建了高精度便携式生理数据采集系统。通心率监测光学传感器，结合 AI 心率异常筛查算法，可实现长时间连续心率监测，数据采集误差率低，满足静息心率、运动心率等多场景监测需求。内置的睡眠监测技术，能识别浅睡、深睡、快速眼动期等睡眠阶段，同步分析睡眠呼吸质量，配合体温传感器，可连续记录体表温度变化，为健康评估提供多维度数据支持。其在运动生理学领域应用显著，例如在跑步过程中，手表同步监测心率、配速、步频等参数，结合 AI 运动算法，为用户提供个性化运动强度建议。在数据存储方面，手表内置足够的存储空间，用户可将自己的生理数据同步保存至相关软件，便于医疗健康从业者、运动科研人员进行系统性分析，充分展现人体生理学参数测量技术在产品设备中的创新应用。

2.1.2.3　思政要点

人体生理学参数及其测量在产品设计和工程应用中的重要意义体现在其对设计科学性和产品安全性的深远影响。设计师在产品开发过程中，必须对人体生理学数据进行精确测量和严格分析，以确保产品能够科学地适应不同用户的身体特征，并且达到最佳的使用效果。这种态度要求设计师不仅要关注产品的功能性和美观性，更要深入理解人体的生理需求，以保证设计的科学性和实用性。此外，人体测量数据还能帮助设计师进行科学的产品优化，避免出现因设计不合理导致的健康问题，比如脊椎疾病或肌肉骨骼不适。只有在测量数据的基础上进行严谨的设计，才能确保产品在使用中的舒适性和功能性，体现出对用户需求的深刻理解和尊重。

另外，人体生理学参数的精确测量在保障产品安全性方面也发挥着至关重要的作用，产品设计中的安全性依赖于对人体参数的准确理解和应用。任何涉及人体交互的产品，都需要确保其设计能够安全地适应用户的身体特征，以避免潜在的安全隐患。同时，在消费品设计中，严格的数据应用可以避免因设计缺陷引发的潜在安全问题。总之，严谨求实的工作态度要求设计师在每一个测量和数据应用环节保持高标准的准确性和可靠性，以确保最终产品的安全性和有效性。这种对细节的严格把控不仅能提升产品的整体质量，也能保护用户的健康和安全，体现出对生命的尊重和对设计工作的深刻理解。严谨的数据应用不仅能提高用户的舒适度，也能避免因设计缺陷引发的潜在安全问题。

为此，应秉持严谨求实的工作态度，深入分析并准确记录人体生理学参数及其测量方法。在科研与医疗实践中，每一个数据点的精确性都至关重要，它直接关系到对人体机能理解的深度和广度，以及临床诊断和治疗的有效性。因此，必须严格遵守科学方法论，采用标准化的测量工具和技术，确保数据采集的客观性、可靠性和可重复性。同时，要不断学习最新的研究成果和技术进展，持续优化测量方法和分析流程，以更加全面、深入地揭示人体生理机制的奥秘，为提升人类健康水平贡献力量。

2.1.3 【案例】参数的计算 ◆ 人民需求新趋向

2.1.3.1　计算步骤

人体人机学参数测量的计算过程主要包括以下步骤：

(1) 确定研究目的和假设，即确定要测量和计算的具体人体人机学参数；

(2) 选择适当的测量方法和设备，根据研究目的、目标参数的性质和测量要求，选择适当的测量方法和设备；

(3) 收集数据，进行实验或采集数据的过程中，选择适当的测量方法和设备来收集相关数据；

(4) 数据处理和分析，对收集的数据进行处理和分析，以提取所需的人机学参数；

(5) 参数计算，根据所选的参数计算方法和公式，基于处理和分析得到的数据，计算所需的人体人机学参数；

(6) 结果解释和推断，对计算得到的参数进行结果解释和推断；

（7）结果呈现和报告，将计算得到的参数和相关结果以透明和易理解的方式呈现出来。

2.1.3.2 应用实例

以用户体验研究中的眼动追踪分析为例。

（1）确定研究目的和假设。目的是了解用户在网页浏览过程中的注意力分布和阅读习惯；假设为特定页面元素会引起用户更多的注意。

（2）选择适当的测量方法和设备。测量方法是眼动追踪技术，通过眼动仪记录用户在屏幕上的注视点。设备为高分辨率眼动仪。

（3）收集数据。在实验过程中，使用眼动仪收集用户在浏览网页时的眼动数据。

（4）数据处理和分析。对眼动数据进行处理，包括去除眨眼和不稳定的注视点，确保数据准确性。分析数据以提取用户的注视热图、注视路径等信息。

（5）参数计算。基于眼动数据，计算关键参数，如注视时长、注视次数、首次注视位置等。

（6）结果解释和推断。解释计算得到的参数，例如，根据某个页面元素具有较长的平均注视时长，推断该元素在用户体验中具有重要性。

（7）结果呈现和报告。通过生成注视热图、注视路径图等可视化工具，呈现研究结果。报告中解释结果，强调页面上引起用户关注的关键元素。

2.1.3.3 思政要点

随着社会的快速发展和人民生活水平的显著提升，人民对美好生活的需求正从“物质满足”向“体验优化”跃迁，呈现出对舒适性、科学性和人性化设计的深层追求。在这一背景下，人体人机学参数测量技术的应用与创新，不仅成为科技进步的重要标志，更成为满足人民需求新趋向、践行社会主义核心价值观的关键实践。

传统产品设计以功能实现为核心，而当前人民的需求已转向“体验优先”。以用户体验研究中的眼动追踪分析为例，通过测量用户注视时长、首次注视位置等参数，设计师能够精准捕捉用户的注意力分布与行为习惯，从而优化网页布局、交互逻辑等设计细节。例如，某页面元素因“平均注视时长”参数突出而被判定为关键信息载体，这种基于数据的设计改进直接回应了用户对高效获取信息、减少认知负担的需求。同时，人体人机学参数测量技术的进步，是科技赋能民生需求的典型例证，高精度眼动仪、智能数据处理算法的应用，使得注视热图、路径分析等复杂参数的获取从实验室走向产业化。人体人机学参数测量从技术工具升华为价值载体，其本质是通过科学方法捕捉人民需求的“最大公约数”。无论是眼动追踪技术对用户体验的优化，还是参数标准化对产业升级的推动，均印证了“人民对美好生活的向往就是我们的奋斗目标”这一根本宗旨。

总之，应深刻认识到人体人机学参数测量的重要性，积极推动相关研究和应用的发展。在设计产品时，始终坚持以人为本，充分考虑用户的需求和感受，确保产品的舒适性、安全性和实用性。同时，还应加强科技创新，不断提升测量技术和设计水平，为社会发展提供更加科学、精准的数据支持。此外，还应注重社会公平和包容性，确保所有人都能享受到科技进步带来的便利和福祉，为实现人民对美好生活的向往贡献智慧和力量。

2.2 人体测量的主要仪器

2.2.1 主要仪器

人体测量学是对不同种族、年龄、性别的人的身体各部位尺寸及其活动范围做静态和动态的测量，并加以统计分析的一门学科。人体测量是通过测量人体各部位的尺寸来确定个体之间和群体之间在人体尺寸上的差别，用以研究人的形态特征，从而为工业设计、环境工程设计等提供人体测量数据资料。例如，在各种设施、设备的布局中，其位置必须安排在人肢体活动范围内，设备所需的操控力也应该符合人的肢体用力范围。设计师应用人体测量学的数据资料作为设计时的基本依据，并结合实际，才能真正满足相应群体的需求。根据国家标准《人体测量仪器》(GB/T 5704—2008)，常见的测量仪器有以下几种。

(1) 人体测高仪。

人体测高仪又称圆杆直角规、马丁测高仪，其主要用来测量身高、坐高、立姿和坐姿的眼高，以及伸手向上所及的高度等立姿和坐姿的人体各部位高度尺寸。

(2) 人体测量用直脚规。

人体测量用直脚规主要用来测量两点间的直线距离，特别适宜测量距离较短的不规则部位的宽度或直径，如耳、脸、手、足。

(3) 人体测量用弯脚规。

人体测量用弯脚规用于不能直接以直尺测量的两点间距离的测量，如测量肩宽、胸厚等部位的尺寸。

其他的人体尺寸测量仪器有角度计、软卷尺、医用磅秤等。

2.2.2 【案例】人体三维扫描仪 ◆ 工程伦理

2.2.2.1 人体三维扫描仪

人体三维扫描仪是一种技术先进的设备，是使用光学测量技术、计算机技术、图像处理技术、数字信号处理技术等非接触式测量三维人体表面轮廓的方法，用于获取人体的三维几何信息。这种扫描仪通常使用光学或激光传感器来捕捉人体表面的细节，并以数字形式生成精确的三维模型。人体三维扫描仪的设计目标是实现高精度和高效率的扫描，同时尽可能使设备体积减小。一些先进的扫描仪采用了多个传感器或摄像头阵列，以不同的角度和位置同时捕捉人体表面的数据，从而提高扫描的准确性和完整性。

2.2.2.2 人体三维扫描仪在医疗方面的应用

人体三维扫描仪在医疗康复和义肢定制中发挥着重要作用，通过扫描患者的身体部位，医疗专业人员可以创建准确的三维模型，用于定制康复设备、矫形器、义肢和矫形鞋等医疗辅助器具，以适应不同个体的需要以及恢复患者的功能和提高生活质量。深圳迈瑞生物医疗电子股份有限公司就是利用人体三维扫描技术和3D打印技术，为截肢者量身定制外部假肢。他们使用扫描仪扫描残肢，并根据个人尺寸和形态创建定制的假肢，提供更好的适配和功能性。

2.2.2.3 思政要点

在当今快速发展的科技时代，人体三维扫描仪作为一项前沿技术，正逐步渗透到医疗、康复、个性化定制等多个领域，为人类的生活带来了前所未有的便利与可能性。这一技术的精巧之处，不仅在于其能够高效、准确地捕捉人体数据，更在于它背后所蕴含的深厚人文关怀与伦理考量。从工程伦理的视角来看，人体三维扫描仪的应用首先体现了尊重个体、以人为本的伦理原则。在医疗康复和义肢定制中，每一个患者的身体特征都是独一无二的，传统的制作方式往往难以达到完美的适配效果。而人体三维扫描仪通过高精度的扫描技术，能够捕捉到患者身体部位的每一个细微差异，从而生成精确的三维模型。这不仅极大地提高了医疗辅助器具的适配性和舒适度，更让患者在生理和心理上获得了更大的尊重与满足。

这一技术的广泛应用，也凸显了工程师的社会责任与伦理担当。在开发和应用人体三维扫描仪的过程中，工程师们需要充分考虑技术的安全性、隐私保护以及可能带来的社会影响。例如，如何确保扫描数据的准确传输与存储，防止数据泄露或被滥用；如何在保证扫描效果的同时，减少对患者的辐射或物理伤害；以及如何在技术普及的过程中，避免加剧社会的不平等与歧视等。这些都是工程师在追求技术创新时，必须认真面对和妥善解决的伦理问题。此外，人体三维扫描仪的推广使用还涉及了公平与正义的问题。虽然这项技术为许多患者带来了福音，但在实际应用中，也面临着资源分配不均、价格昂贵等挑战。如何确保技术的普及与公平使用，让更多人能够享受到科技进步带来的好处，是值得深思的问题。

因此，应认识到，人体三维扫描仪作为一项高科技产品，其背后所蕴含的伦理价值与社会意义是深远的。在推动技术发展的同时，必须坚守伦理底线，注重人文关怀，确保技术的应用符合社会伦理规范与人类共同利益。同时，也应积极倡导公平、正义的原则，努力消除技术带来的不平等与歧视，让科技进步惠及每一个人。只有这样，才能真正实现科技与伦理的和谐共生，推动社会的持续健康发展。

2.2.3 【案例】人机工程软件 ◆ 创新意识

2.2.3.1 用于人体尺寸测量的人机工程软件

用于人体尺寸测量的人机工程软件具有重要意义，尤其在以下几个方面。

（1）在设计优化方面，人机工程软件通过精确的人体尺寸数据，可以设计出更符合人体工学的产品，如椅子、桌子、工具等，以提供最佳的舒适性和功能性。调整工作环境（如工位、设备布局）以适应不同体型的用户，提高工作效率和舒适性。

（2）在增强安全性方面，人机工程软件可以确保设计的产品或设备适合各种体型的用户，从而减少因设计不当导致的使用风险。在交通工具和机械设备等领域，设计时考虑不同用户的体型，可以降低事故发生的概率。

（3）在个性化定制方面，人机工程软件可帮助提供量体裁衣服务，定制适合用户的服装和配件，以及运动装备或康复器材，提高穿着舒适度和美观度，使产品适应用户的具体需求和体型特征。

（4）在生产效率方面，准确的数据减少了设计和生产过程中的试错，提高了生产效率。同时可以优化产品设计，使其能够适应更广泛的用户群体，减少定制生产的复杂性。

此外，通过对人体尺寸数据的监测，可以识别和预警健康问题，如体型的突然变化可能暗示健康问题。

2.2.3.2 SoErgo专业人机工程仿真分析软件

SoErgo专业人机工程仿真分析软件一直致力于服务工业及制造业相关领域，产品包含3个核心模块：中国标准数字人体、作业任务仿真、人机工程分析/评价，为航天、航空、兵器、船舶、汽车、轨道交通、核电等50余家大型工业制造业企业提供人机工程仿真的专业服务。该软件采用《中国成年人人体尺寸》(GB/T 10000—2023)，建立测量学准确的数字人体，提升人机工程分析结果的准确性和有效性。这一标准通过精确映射中国成年人群体的体型特征，为各类产品和环境设计提供了更为精确的人体参数，使设计更加人性化和个性化。通过数据驱动人体与模型实现交互式作业任务仿真，支持导出任务仿真数据，使仿真“有据可依”。这种方法不仅提高了仿真的准确性和可靠性，还为后续的分析和优化提供了宝贵的数据支持。利用这些数据，工程师和设计师可以深入分析作业过程中的细节，识别潜在问题并制定改进措施，进一步提升作业效率和安全性。同时，该系统支持可视性、可达性、舒适性、疲劳度、腰脊椎受力、作业时间、作业方式、作业强度、空间测量、干涉检查等20余种人机工效分析功能。

2.2.3.3 思政要点

创新意识在人机工程软件设计中的重要性不可忽视，它不仅推动了用户体验的提升，还在功能优化和市场适应方面发挥了关键作用。首先，创新意识显著改善了用户体验，这在现代软件设计中尤为重要。随着技术的进步，用户对软件界面的期望也在不断提高。通过引入新的交互方式，如语音控制、手势识别和增强现实，设计师能够提供更加直观和自然的操作体验。这些技术使用户可以更加高效地与软件进行互动，减少了传统界面中的复杂操作。此外，个性化设计功能使得软件能够根据用户的习惯和偏好进行调整，从而提升了使用的舒适性和满意度。这种定制化的用户体验不仅增强了用户对软件的依赖，也提高了软件在竞争激烈的市场中的吸引力。

其次，创新意识在应对技术进步和市场需求方面也发挥了重要作用。随着人工智能、机器学习和物联网等技术的发展，软件设计需要不断适应新的技术趋势。创新设计可以将这些新技术有效地整合到软件中，提供更加智能和前瞻性的功能。市场上对功能多样化和个性化的需求日益增长，创新设计能够满足这些需求并提供定制化的解决方案。同时，随着数据安全和隐私保护成为重要议题，创新的安全设计和数据保护技术也变得尤为重要。通过引入先进的数据加密和防护机制，设计师能够增强用户对软件的信任，确保用户数据的安全性。此外，创新还可以促进设计过程的优化，如通过自动化工具和快速原型制作技术提高设计效率和减少开发周期。这些创新不仅提升了软件的功能和性能，还增强了其市场竞争力，使其能够在不断变化的技术和市场环境中保持领先地位。

所以，应积极发挥创新意识，不断推进人体尺寸测量的人机工程软件革新。致力于研发智能化、自动化的测量工具，提高测量精度与效率。同时，注重软件易用性与用户体验，确保用户轻松上手。加强跨学科合作，借鉴国际先进经验，不断提升自主创新能力。让软件更好地服务于个性化需求，推动人机工程学领域持续发展。

2.3 测量数据的应用

2.3.1 人体测量与作业域测量

2.3.1.1 人体测量数据

人体的形态测量数据是产品、设备和空间设计的基本依据，通过人体测量可获取人体的静态尺寸和人体的动态尺寸。在体力方面，设计者必须使操作施力保持在生理上可承受的限度以内，因此还要对人体的生物力学参数和生理学参数进行测量。常用人体测量数据有人体静态尺寸、人体动态尺寸、常用人体功能尺寸测量区域。

A　静态人体尺寸

静态尺寸又称结构尺寸，是人体处于相对静止状态下所测得的尺寸，如头、躯干及手足四肢的标准位置等。静态尺寸计测可在立姿、坐姿、跪姿和卧姿 4 种形态上进行，这些姿势均有人体结构上的基本尺度特征。国家标准《中国成年人人体尺寸》(GB/T 10000—2023）为人机工程学的设计提供了基础数据。该标准提供了 52 项人体基础尺寸和特定姿势下的 16 项功能尺寸数据，并分别按性别、年龄列表。

B　动态人体尺寸

动态尺寸又称功能尺寸。动态人体尺寸测量是指被测者处于动作状态下所进行的人体尺寸测量。动态人体尺寸测量的重点是人在执行某种动作时的身体特征。动态人体尺寸测量的特点是在任何一种身体活动中，身体各部位的动作并不是独立无关而是协调一致的，具有连贯性和活动性。动态人体尺寸分为四肢活动尺寸和身体移动尺寸两类。

2.3.1.2 作业域测量

手的水平作业域是指人体站或坐时在台面上左右运动手臂而形成的运动范围。当手臂尽量伸出，左右活动能达到的范围被称为最大作业域；手臂自然、轻松活动能达到的范围为正常作业域。

手的垂直作业域是指手臂围绕肩关节伸直做上下运动而形成的范围。人体这一活动姿势对于生活中所触及物体的高低位置的设计至关重要。手臂围绕肩关节伸直做上下运动的最大范围是最大作业域，手臂自然达到的范围为正常作业域。

手、脚作业域测量包括人体手部和足部尺寸及作业域测量。测量手的活动范围可作为设计控制器以及手持工具时的参考依据，通过手指的活动来说明。测量脚的活动范围，对脚控制器的设计非常重要。与手相比，脚的操作力较大，但精确度较差，且活动范围较小。

2.3.2 【案例】人体数据应用 ◆ 沟通交流

2.3.2.1 人体尺寸的应用方法和程序

涉及人体尺寸的设计、确定对象的功能尺寸的主要依据是人体尺寸百分位数，而人体尺寸百分位数的选用又与设计对象的类型密切相关。因此，凡涉及人体尺寸的设计，首先应确定所设计的对象是属于哪一类型。其次是选择人体尺寸百分位数，而选择人体尺寸百分位数的依据是适用度。人机工程学设计中的适用度，是指所设计产品在尺寸上能满足多少人使用，通常以适合使用的人数占使用者群体的百分比表示。根据人体数据运用准则，凡涉及人体尺寸的设计，必须考虑到实际中人的可能姿势、动态操作、着装等需要的设计裕度，这就需要进行修正。而功能修正量随产品不同而异，通常用实验方法去求得功能修正量，但也可以通过统计数据获得。

2.3.2.2 人体数据应用实例

以汽车驾驶室设计为例，人体尺寸的应用显得尤为重要。设计师需要精确测量驾驶员的身高、坐姿眼高、肘高、肩宽等数据，以确保驾驶室内部空间布局合理。例如，座椅的高度和倾斜角度需根据驾驶员的坐姿眼高和肘高进行调整，以确保驾驶员在行驶过程中能够保持舒适的坐姿，同时便于观察仪表盘和操作各项控制装置。此外，方向盘的直径、位置以及踏板的高度和间距等也需根据人体尺寸进行合理设计，以确保驾驶员能够轻松、准确地操控汽车。通过运用人体尺寸数据，汽车设计师能够打造出更加符合人体工学的驾驶室，提升驾驶员的驾驶体验和行车安全。这一实例充分展示了人体尺寸在安全人机工程学中的实际应用价值。

2.3.2.3 思政要点

从沟通交流的视角审视人体尺寸在人机工程学中的应用，不难发现，这一过程不仅是对技术与数据的精准运用，更是对人类需求、尊严与隐私的深刻尊重与保护。在人机工程学领域，人体尺寸作为连接人与机器的桥梁，其重要性不仅在于数据的精确性，更在于对个体差异的尊重与隐私尊严的守护。设计师需通过有效沟通，理解不同用户的生理特征与需求差异，将人体测量数据转化为定制化解决方案——从倾听残障群体的特殊操作诉求，到优化老年用户的界面触控精度，这一过程既是技术适配，更是对“以人为本”理念的实践。同时，人体尺寸数据指导下的界面布局与控件设计，能显著提升交互效率与安全性，例如，依据手部活动范围优化设备按键排布，或参照视域规律调整显示屏角度。这种以数据为纽带的人机协同，使技术真正服务于人的舒适与尊严。

然而，在收集和应用人体尺寸数据的过程中，也必须高度重视隐私保护和数据安全问题。人体尺寸作为用户的个人敏感信息，一旦泄露或被滥用，将对用户的隐私与安全构成严重威胁。隐私保护与数据安全是不可逾越的红线，需通过加密存储、匿名处理等技术手段，避免敏感信息泄露风险。此外，从更广泛的社会层面来看，人体尺寸在人机工程学中的应用还需要加强跨学科合作与交流。人机工程学作为一个交叉学科领域，涉及机械工程、计算机科学、人体工学等多个学科的知识与技术。为了推动人体尺寸在更多领域的应用与创新，需要加强不同学科之间的合作与交流，共同探索人体尺寸数据的新应用、新方法与新技术。

正因如此，应积极倡导基于人体尺寸的沟通交流理念，推动人机工程学领域的发展与创新。通过加强设计师与用户之间的沟通与合作，深入了解用户需求与期望；通过严格遵守相关法律法规和伦理规范，确保用户数据的合法性与安全性；通过加强跨学科合作与交流，不断拓展人机工程学的应用领域与边界，为人机工程学领域的发展贡献自己的力量，共同创造更加美好的未来。

2.3.3 【案例】产品设计应用 ◆ 尽职尽责

2.3.3.1 人体测量数据在家用医疗器械中的应用

随着我国医疗保健体系的全面改革，家庭医疗保健的重要性逐渐提高，促进了家用医疗器械市场的快速发展。相较于医院使用的医疗器械，家用医疗器械有不同的使用人群和使用环境，并与之构成了新的人-机-环境系统，对产品的设计开发提出了新的要求。人体测量学作为人因学的一个重要分支，广泛应用于产品人机关系研究中。其主要用测量和观察的方法来描述人类的体质特征状况，通过测量数据，运用统计学方法，对人体特征进行数量分析和描述。将人体测量学应用于家用医疗器械开发设计中，有助于解决设计中的人机问题，对改进产品的设计流程和设计结果具有重要意义。

2.3.3.2 某检测类家用医疗器械设计

家用医疗器械是专为家庭环境设计的便携式医疗设备，具有操作简便、体积小巧、易于携带等特点，目前80%的医疗设备已推出家用版本，涵盖诊断检测、康复护理、慢性病管理、物理治疗等八大类应用场景，主要服务于中老年群体、慢性病患者及亚健康人群，覆盖家庭、办公及移动等多元环境。某检测类家用医疗器械设计将人体测量学的方法应用于产品的设计过程，通过设计任务分析和用户测试，来指导产品的外观设计，以改进产品的人机关系，改善产品由于设计不合理造成的测量误差。该检测类家用医疗器械为手握式，用户通过握持该器械，检测某些身体机能，并从产品界面读取结果。根据在这一实例的设计流程，人机关系研究主要集中在实施设计阶段，通过两个阶段的用户测试，选择适合手持检测并读取界面的产品外形，并确定造型的尺寸和细节设计，选择舒适美观的方案。

2.3.3.3 思政要点

在快速发展的科技时代，家用医疗器械作为连接医疗与健康生活的桥梁，其设计质量直接关系到用户的健康体验与生活质量。从思政角度来看，将人体测量数据科学、严谨地应用于产品设计之中，不仅体现了对用户需求的高度尊重，更是尽职尽责、精益求精工匠精神的具体实践。人体测量数据是产品设计不可或缺的基石，它要求设计师在设计之初就深入调研，细致分析目标用户群体的身体特征、行为习惯及心理预期。家用医疗器械的设计，尤为强调对用户个体差异的精准把握，因为任何微小的设计偏差，都可能影响到测量的准确性乃至用户的健康安全。因此，尽职尽责的态度要求设计师不仅要掌握人体测量的基本方法，更要具备将这些数据转化为实际设计参数的敏锐洞察力和严谨执行力。

在实施设计阶段，对人体测量数据的运用更是考验设计师责任心与专业能力的关键环节。通过科学的人体测量，设计师能够精准定位产品的尺寸、形态与操作界面布局，确保用户在使用过程中既能感受到产品的舒适性与便捷性，又能有效避免因设计不当导致的误操作或测量误差。这一过程，不仅是对技术能力的考验，更是对设计师职业操守与责任担当的检验。随着人口老龄化趋势的加剧，中老年群体成为家用医疗器械的主要使用者之一。设计师需充分考虑这一群体的特殊需求，通过合理的人体测量与适应性设计，使产品更加易于操作，更加人性化。这种设计思路，不仅是对用户展现了尽职尽责的态度，更是对社会多元化、包容性发展的积极响应。

综上所述，应秉持尽职尽责的态度，将人体测量数据作为产品设计的重要参考，不断提升设计的科学性与人性化水平。同时，加强跨学科合作，引入更多先进的测量技术与设计理念，推动家用医疗器械行业的创新发展，为人民群众提供更加安全、有效、便捷的健康服务。在这个过程中，每一位设计师都应成为健康生活的守护者，用实际行动诠释“以人为本”的设计理念，共同构建更加健康、和谐的社会环境。

习题与思考题

2-1 通过对样本进行人体测量，得到一组关于身高的数据（cm）：165，168，172，173，175，176，178，180，182，185。请计算其均值、方差、标准差。

2-2 在设计中，怎样得出任一百分位数值？

2-3 人体生理学参数的测量包括哪些？

2-4 人体尺寸测量时的主要仪器有哪些？

2-5 什么是静态人体尺寸和动态人体尺寸？

2-6 人体三维扫描仪在医疗和个性化定制领域具有重要应用，尤其是在义肢定制方面。但是，当前三维扫描技术成本较高，可能加剧资源分配不均。从社会主义共同富裕目标出发，试着提出有关政策或技术创新方案，使弱势群体（如低收入残障人士）能够公平获得该技术带来的福祉。

3 人的生理及心理特征

【本章导语】

人的生理与心理特征是安全行为的基础，本章通过解析粉尘危害机制、剖析不安全行为心理、揭示生理节律规律、结合典型案例与思政思考，引导读者理解并树立正确的安全伦理观与健康管理意识。

【学习目标】

❖ 掌握粉尘危害机理与职业健康防护标准。

❖ 分析不安全行为背后的心理动因及有关防控策略。

❖ 运用人体生物节律规律理解安全生产实践，建立健康的生命观。

3.1 粉尘作业环境

3.1.1 概念与标准

3.1.1.1 粉尘及其危害

粉尘是指能悬浮于空气中的固体微粒。对人体的侵害途径为呼吸道、眼睛、皮肤等，以呼吸道为主要途径。粉尘的危害如下。

（1）尘肺。尘肺是指在生产劳动过程中吸入呼吸性粉尘引起的肺组织纤维化为主的疾病。无机粉尘引起的肺部病变有两大类：一类由于粉尘在肺腑沉着，称为粉尘沉着症；另一类由于致纤维化粉尘（如石英）所致肺部弥漫性纤维化。纤维化程度与粉尘中游离二氧化硅含量有关，当含量（质量分数）大于70%可引起硅肺；小于10%可引起其他尘肺，如煤肺；10%~70%以混合型形式出现。尘肺的发病一般比较缓慢，多在接尘15~20年以上，也有个别发病迅速，接尘1~2年就发生尘肺病。

（2）局部作用。粉尘作用于呼吸道黏膜可导致萎缩性病变，可形成咽炎、喉炎、气管炎等；作用于皮肤可形成粉刺、毛囊炎、脓皮病等；金属和磨料粉尘可引起角膜损伤，导致角膜感觉迟钝和角膜浑浊；沥青烟尘在日光照射下可引起光感性皮炎。

（3）中毒作用。吸入铅、砷、锰等有毒粉尘，能引起中毒现象。

3.1.1.2 工业粉尘的卫生标准和管理标准

在我国，车间空气中有害物质的最高容许浓度是指工作地点空气中任何一次有代表性的采样测定均不得超过的浓度。根据粉尘的种类、浓度、接尘时间和有关标准规定，粉尘作业危害程度共分为五级：0级（符合卫生条件）；Ⅰ级（轻度危害）；Ⅱ级（中度危害）；Ⅲ级（高度危害）；Ⅳ级（极度危害）。

3.1.2 【案例】尘肺病 ◆ 职业道德

3.1.2.1 尘肺病的特点

尘肺是由于在职业活动中长期吸入生产性粉尘（灰尘），并在肺内潴留而引起的以肺组织弥漫性纤维化（疤痕）为主的全身性疾病。其基本特点包括以下几个方面。

（1）病因：尘肺病主要是由于长期吸入粉尘颗粒，尤其是矽尘、煤尘、金属尘等职业性粉尘引起的。

（2）病程：尘肺病的发展通常是慢性的，其潜伏期可以长达数年或数十年。疾病的早期通常没有明显的症状，但随着粉尘的积累，肺部病变会逐渐加重。

（3）病理特点：尘肺病主要通过肺部组织的纤维化和瘢痕形成来表现。

（4）症状：尘肺病的主要症状包括咳嗽、咳痰、呼吸困难、胸痛和乏力等。严重的尘肺病可以导致肺功能减退和氧气供应不足。尘肺病的症状通常逐渐发展并加重。

（5）影像学表现：常见的表现包括肺部斑片状、结节状或网格状阴影，以及肺纹理增加等。

（6）预防和治疗：尘肺病是一种可预防的职业病。

3.1.2.2 某采石场石工由于长期吸入二氧化硅颗粒被确诊为矽肺

某采石场在切割、打磨或处理石材时会释放出大量二氧化硅颗粒，在该场工作的某个石工，由于长期暴露于矽石的粉尘中，不可避免地吸入空气中悬浮的矽尘颗粒，这些颗粒进入呼吸道并深入肺部。随着工作的年限增加，石工的矽尘暴露量逐渐累积。在初期并未出现明显症状，但随着时间的推移，该石工感到呼吸困难，并出现了慢性咳嗽、胸痛等症状，通过就医诊断肺功能测试和影像学检查发现其肺部出现炎症和纤维化。医生给出了治疗措施，同时，建议其进行职业调整，避免继续接触矽尘，以减缓病情的进展。

3.1.2.3 思政要点

尘肺病是一种职业性疾病，其出现与长期从事粉尘暴露高风险职业有关，不得不谈论职业道德和理想，以确保工作环境更加健康、安全和尊重职工的权益。首先，职业道德要求雇主和企业关注员工的安全和健康。在涉及产生粉尘的行业中，雇主有责任提供安全的工作环境，并采取必要的措施来减少或防止粉尘暴露。如果是在高风险工作环境中，雇主应该向员工提供适当的个人防护设备，如呼吸面具、防护手套和安全眼镜。其次，雇主也有向工人提供透明信息和促进职工权益的责任，这样工人可以在知情的情况下作出明智的职业选择，并且知道如何保护自己的健康。同时，应鼓励工人参与决策和反馈，以改善工作条件和环境。

此外，雇主还应该提供有关职业健康和安全的培训和教育，使员工了解潜在的职业风险和尘肺病的预防措施。最后是职业承诺，从业者对自己的职业承诺是职业道德和理想的体现。在与粉尘有关的职业中，从业者应对自己的健康和职业风险负责。他们应积极参与职业健康和安全培训，了解和遵守相关规定和指导方针，并采取适当的措施来保护自己的健康。总的来说，雇主和从业者都应关注职业健康和安全，秉持职业伦理，履行社会责任，并对自己的健康和职业风险承担责任。这些价值观和行为准则有助于预防尘肺病的发生，并创造一个更安全和健康的工作环境。

所以，作为社会的一分子，应当积极倡导和践行健康、安全的工作环境，推动相关企业加强防尘措施，改善作业条件，确保每一位劳动者都能在安全的环境中工作。同时，也应怀揣职业理想，致力于推动职业病防治体系的完善，提高劳动者的健康意识和自我保护能力。通过加强宣传教育、开展职业健康检查、提供必要的医疗救助等措施，共同构建一个关爱劳动者、尊重生命的和谐社会。

3.1.3 【案例】粉尘控制技术 ◆ 创新精神

3.1.3.1 粉尘控制方式的先进技术

粉尘控制方式主要包括以下几个方面。

(1) 粉尘爆炸防护技术。粉尘爆炸防护技术是为了预防和控制粉尘爆炸风险而采取的措施和设备。常见的有防爆排风系统、防爆电气设备、爆炸防护控制系统等。

(2) 粉尘收集和处理技术。粉尘产生的工业过程中，有效的粉尘收集和处理技术至关重要，例如，通过粉尘收集系统、静电除尘器等来捕获和处理粉尘，降低环境污染和健康风险。

(3) 粉尘监测和控制技术。粉尘监测和控制技术用于实时监测粉尘浓度和颗粒大小，并采取相应的控制措施以确保工作场所的安全和环境的健康，包括粉尘监测传感器、自动调节粉尘排放的控制系统和远程监控技术等。

(4) 粉尘处理和再利用技术。粉尘处理和再利用技术有助于减少粉尘对环境的污染，并实现资源的可持续利用，包括粉尘回收系统、粉尘再利用工艺和粉尘成分分离技术等。这些技术能够将废弃的粉尘转化为有用的材料或能源，实现资源的循环利用。

3.1.3.2 BEC 粉尘控制技术

某冶炼车间中频炉用于铝合金冶炼，在生产过程中烟气产生量不大，主要是出钢时产生大量的热烟尘。为有效控制烟尘外溢，减少周边区域环境污染，该公司应用 BEC 粉尘控制技术为合金钢厂冶炼车间实施屋顶抑尘项目。根据现场状况，该工厂在冶炼车间厂房外设置了一台 BECS-30 主机和喷雾控制调节装置，在中频炉上方的车间厂房屋架横梁中部（两侧气窗下方）悬挂两组莲花喷头，在出钢时向厂房内喷射气雾，控制高温热烟尘向窗外飘逸扩散。通过综合分析，采用 BEC 喷雾抑尘的措施控制合金钢厂冶炼车间中频炉冶炼过程中产生的热烟（粉）尘，既能有效降低作业现场飞扬的粉尘浓度，控制烟尘向屋顶厂房外飘逸，又能改善钢厂区域环境，推进区域降雾霾工作的顺利进行。

3.1.3.3 思政要点

创新精神在粉尘控制技术中具有重要意义，粉尘是导致工业生产中爆炸和火灾的主要危险因素之一，并且粉尘的排放和扩散会对周围环境造成污染，影响生态平衡和人类健康。研究显示，接触粉尘的工人尘肺病发病率显著升高，长期暴露会导致肺功能下降、慢性阻塞性肺病甚至肺癌。通过创新的防护技术和监测控制系统，不仅可有效减少粉尘对人体呼吸道的物理刺激和化学损伤，维护肺部表面活性物质的正常代谢功能，还可以最大限度地降低爆炸和火灾的风险，保障员工和设备的安全；通过创新的粉尘收集和处理技术，可以有效减少粉尘对环境的影响，降低空气和土壤污染；而创新的粉尘处理和再利用技术有助于将废弃的粉尘转化为有用的材料或能源，不仅处理了粉尘、减小了风险和环境污染，还实现了资源的循环利用，减少了对自然资源的消耗。因此，创新精神在粉尘控制技术中扮演着重要的角色，不仅可以保护员工的生命健康安全，还有助于提升工业生产的安全性和效率，同时也符合可持续发展的要求，促进了产业升级和环境保护的目标。

以上粉尘控制技术也体现了创新精神的多个方面，包括技术创新、工艺创新和管理创新等。粉尘爆炸防护技术、粉尘监测和控制技术以及粉尘处理和再利用技术等都依赖于前沿的科学技术和工程技术的不断进步。在粉尘控制领域，新材料的运用、先进的传感器技术和自动化控制系统等都是可以不断创新的方向；粉尘控制技术的创新还包括对工艺流程、设备结构和操作方法的改进。例如，静电除尘器和粉尘收集系统的设计优化，可有效提高粉尘收集效率，减少能耗和资源消耗，同时降低对环境的影响；粉尘控制技术的应用还需要健全的管理体系和监测系统。自动化控制系统、远程监控技术等对于提高生产效率、降低安全风险都起到了关键作用，这些都是在管理方面的创新实践。这些创新推动了粉尘控制方式的发展，不断改进和完善粉尘管理的方法，提高了工作场所的安全性、环境可持续性和资源利用效率。

为此，应秉持创新精神，不断探索、研发更加高效、环保的粉尘控制技术，为改善环境质量、推动可持续发展贡献力量。同时，加强跨学科合作，促进粉尘控制技术与相关领域的深度融合，推动粉尘控制技术的多元化、智能化发展。在这个过程中，每一位科研人员、工程师都应成为环保创新的践行者，用实际行动践行绿色发展理念，共同守护我们美丽的家园。

3.2 不安全行为

3.2.1 概述

不安全行为，指的是人们在从事某项活动时，由于疏忽、大意、无知或故意违反安全规定和操作规程，导致可能引发事故或伤害的行为。这类行为在各行各业都普遍存在，如工厂中工人不按规定佩戴安全防护用品、驾驶员超速行驶或酒后驾车、建筑施工现场工作人员不遵守安全操作规程等。这些不安全行为不仅可能危及行为人自身的安全，还可能对周围的人和环境造成危害。不安全行为的形成往往与人的心理、生理和社会环境等多种因素有关。其中非理智行为的心理因素包括以下 6 种。

（1）侥幸心理。人们产生侥幸的原因有两方面，一是错误的经验，例如，某种事故从未发生过或多年未发生过，人们心理上的危险感觉便会减弱，因而易产生麻痹心理导致违章行为甚至酿成事故；二是在思想方法上错误地运用小概论容错思想。

（2）省能心理。省能心理使人们在长期生活中养成了一种习惯性地干任何事总是要以较少的能量获得最大效果，这种心理对于技术改革之类工作是有积极意义的，但在安全操作方面，这种心理常导致不良后果。

（3）逆反心理。在某种特定情况下，某些人的言行在好奇心、好胜心、求知欲、思想偏见、对抗情绪之类的一时作用下，产生一种与常态行为相反的对抗性心理反应，即所谓逆反心理。

（4）凑兴心理。凑兴心理是人在社会群体生活中产生一种人际关系反应，从凑兴中获得满足和温暖，从凑兴中给予同伴友爱和力量，以致通过凑兴行为发泄剩余精力。它有增进人们团结的积极作用，但也常导致一些无节制的不理智行为。

(5) 从众心理。这也是人们在适应群体生活中产生的一种反应，不从众则感到社会精神压力。由于人们具有从众心理，因此不安全的行为和动作很容易被仿效。

(6) 精神文明。人的品德、责任感、修养、法治观念等心理是影响安全生产的一个极重要因素，许多违章作业事故都是在群众精神文明差的条件下发生的。

3.2.2 【案例】省能心理 ◆ 安全无小事

3.2.2.1 事故案例

某风机厂车工小黄（28 岁）在上中班时，操作 C630 车床加工风机主轴，车速为 230 r/min。当加工到第 5 根主轴时，发现主轴跳动，他嫌停机麻烦，就直接将左手从轴下方伸过去调整中心架前方固定螺丝，因袖套被带毛刺的轴头缠住，使得左臂卷入。小黄拼命挣脱，袖套外衣撕碎、脱落，人摔倒在地，造成左臂两处骨折，右下颌和额头撞坏，左肾等损坏，最后因内出血而导致死亡。

3.2.2.2 事故原因分析

安全操作规程中明确规定“在机床开动中，禁止隔着机床传动部分进行调整工作或传递物品等”，很显然小黄违反了安全操作规程的规定。正常情况下，排除主轴跳动的操作程序应是：主轴跳动—停车—调整中心架螺丝—开车观察效果—如不理想再重复上面程序，直至故障排除。一般情况下，排除故障需要调整多次。一套调整程序反复多次，的确有些麻烦，既费时又费力。当 C630 车床以最高转速 1500 r/min 转动时，小黄当然认为这么高的转速是很危险的。他不可能不停车就在附近做调整工作。但是，当转速降为 230 r/min 时，小黄认为这就没有多大危险了，此刻省能心理占了上风，“安全第一”的理念就败下阵来，小黄选择违章操作，不停车便伸手调整中心架螺丝，于是事故发生了。

3.2.2.3 思政要点

在快速发展的现代社会中，安全生产不仅是企业生存与发展的基石，更是关乎每一个生命安全与尊严的重要议题。然而，省能心理这一潜在的心理倾向，却在无形中为事故的发生埋下了隐患。从安全无小事的理念出发，可以深刻剖析省能心理导致的事故背后所隐藏的深层原因，并以此为契机，强化安全意识，提升人文素养。省能心理，本质上是一种追求效率而忽视安全的行为倾向。它往往源于个体对安全规定的轻视、对潜在风险的漠视，以及对自我能力的过度自信。在案例中，小黄为节省停机时间，冒险伸手调整车床螺丝，最终导致悲剧的发生。从安全无小事的理念来看，任何一次对安全规定的忽视，都可能成为引发灾难的导火索，每一次的疏忽都可能带来无法挽回的后果。

省能心理所反映的，不仅是安全意识的淡薄，更是人文素养的缺失。人文素养，强调对人的尊重、对生命的敬畏，以及对社会责任的担当。在安全生产中，人文素养体现为对安全规程的严格遵守、对潜在风险的敏锐洞察，以及对同事安全的深切关怀。然而，省能心理却使个体陷入了自我中心的狭隘境地，忽视了安全规程背后所承载的生命价值与人文关怀。这种人文素养的缺失，不仅增加了事故发生的概率，更削弱了企业的凝聚力和社会责任感。应当深刻认识到，每一次遵守安全规定、每一次排查安全隐患，都是对生命尊严的捍卫、对社会责任的履行。

因此，应始终坚定安全无小事的理念，将安全视为生命之基、发展之本。在日常生活中，严格遵守安全规程，不抱侥幸心理，不忽视任何一次潜在的安全隐患。同时，积极传播安全文化，提升公众的安全意识与人文素养，共同营造一个安全、和谐、有序的社会环境。让我们携手努力，用实际行动去践行安全无小事的理念，共同守护每一个生命的尊严与安全。

3.2.3 【案例】习惯性违章 ◆ 安全心理素质

3.2.3.1　事故案例

某钢厂球团车间回转窑一组当班班长袁某在大球筛平台上间断性调整梭式布料皮带头轮。大约 20 min 后，皮带仍然跑偏，袁某发现梭式布料皮带轻托辊和增面轮有粘料，于是他在未停机的情况下，站在梭式布料皮带南侧平台上，持手锤身体前倾随梭式布料皮带小车行走敲打增面轮上粘料，结果袁某为躲闪行走中的布料小车前轮，身体回撤时失去重心，左手下意识扶到梭式布料小车轨道上，被行走的布料皮带小车前车轮挤伤左手手指。

3.2.3.2　事故原因分析

袁某在处理皮带增面轮粘料时，安全意识不强，未通报工长停机处理，并且不是初次这样处理，而是属于习惯性违章作业。而存在习惯性违章行为的原因有：安全规范意识淡薄、责任监管效果欠佳、企业领导厚生产薄安全、存在较重的侥幸心理等。由于每一次习惯性违章不一定都会发生事故，使袁某产生了值得冒险的念头，并且由于部分侥幸心理和省能心理的存在，袁某立即采取了行动，导致了事故的发生。并且在生产审查时某些领导片面追求经济效益，存在厚生产薄安全、侥幸取胜的心理，为完成生产任务对员工的违章行为熟视无睹，共同促成了这起事故的发生。

3.2.3.3　思政要点

习惯性违章是大多数安全事故的罪魁祸首，它不仅可能危害职工自己，也可能危害到他人。根据统计，每年国内冶金行业 80% 以上的安全事故是由于习惯性违章造成的。它是目前导致大量生产安全事故发生的“元凶”，并且具有一定的继承性和效法性，往往是一种长期沿袭下来的不良行为习惯，所以很难纠正，其危害性更大。对于那些习惯性违章的人来说，一般存在着以下安全心理素质问题。

(1) 盲目自信与麻痹心理。习惯性违章的人可能过于自信，认为自己可以控制风险，从而忽略了安全规程和操作程序。

(2) 逞能心理。一些习惯性违章者可能会追求表现或想要显示自己的能力，因此会采取冒险行为以达到这一目的。

(3) 捷径心理。违章行为往往是为了走捷径、节省时间或者提高效率，这反映了一种心理状态，即为了达到某种目的愿意冒一定的风险。

习惯性违章行为不仅会导致事故发生，还反映出了违规员工缺乏个人责任、遵循规定、警觉性和应急准备等安全心理素质，对安全生产极其不利。要避免这种情况，就必须提高员工的安全心理素质：培养良好的安全习惯和自律，认识到佩戴个人保护装备的重要性，并自觉遵守相关规定；始终关注安全，理解和尊重安全程序和操作要求，意识到它们的重要性，并在工作中遵守这些规定，确保安全的工作环境；还应该保持警觉，识别和评估潜在的安全风险，并遵循相关的安全规定和标识；接受适当的培训，了解紧急情况的处理程序，并在事故发生时保持冷静和理性，以最大限度地减少伤害，确保个人和他人的安全。

为此，应深刻反思习惯性违章的危害，加强安全教育与心理干预，提升全员的安全意识与心理素质。通过强化安全规程的培训与考核，引导员工树立正确的安全观念，克服心理惯性，将遵章守纪内化为自觉行动。同时，建立健全的监督与激励机制，对习惯性违章行为进行严厉惩处，对安全表现优异的个人给予表彰，共同营造一个安全、有序的工作环境。

3.3 生理特征与作业事故的关系

3.3.1 人的生理特征

完整的人体从形态和功能上可划分为感觉系统、神经系统、运动系统、消化系统、呼吸系统、泌尿系统、生殖系统、循环系统、内分泌系统九个系统。各系统的功能活动相互联系、相互制约，在神经、体液的支配和调节下，构成完整统一的有机体，进行正常的功能活动。

3.3.1.1 人的感知特性概述

感觉是人脑对直接作用于感觉器官的客观事物的个别属性的反映，包括视觉、听觉、味觉、嗅觉、皮肤感觉、本体感觉等。知觉则是人脑对直接作用于感觉器官的客观事物的整体属性的反映，其特性有整体性、理解性、恒常性、选择性。

3.3.1.2 人的反应时间

人从接收外界刺激到作出反应的时间叫作反应时间，包括刺激使感觉器官产生活动，经由传入神经传至大脑神经中枢，经过综合加工，再由传出神经传给肌肉，肌肉收缩，作出操作活动。即反应时间为：

$$RT = ta + tg$$

式中，RT 为反应时间；ta 为知觉时间；tg 为动作时间。

与反应时间相关的因素有：（1）反应时间随感觉通道的不同而不同；（2）反应时间随执行动作的运动器官不同而不同；（3）反应时间随刺激性质不同而异；（4）反应时间随刺激的数目不同而异；（5）反应时间随颜色的配合有关；（6）反应时间随个体差异而异；（7）反应时间还与操纵器及显示器的情况有关。

减少反应时间的途径如下：（1）合理地选择感知类型，比较各类感觉的反应时间，听觉反应时间最短（0.1～0.2 s），其次是触觉和视觉。所以在设计各类机器时，应根据操纵控制情况，合理选择感觉通道，尽量选用反应时间短的通道去控制和调节机器。（2）适合人的生理心理要求，按人机工程学原则设计机器。（3）操作技术的熟练程度直接影响反应速度，应通过训练来提高人的反应速度。

3.3.1.3 人体节律周期和昼夜周期

在日常生活中，昼夜变化是人们经受的最急骤的变化，人体对昼与夜的反应很不相同。人们的日常生活节律基本上以 24 h 为周期，故称为日周节律。

德国医生佛里斯和奥地利心理学家瓦波达经过长期临床观察，提出了体力（physical）强弱周期为 23 天，情绪（sensitive）好坏周期为 28 天。奥地利泰尔其尔教授在研究智商的基础上，发现智力（intellectual）高低周期为 33 天。其后，科学家经过研究进一步提出，每个人自出生之日起直至生命终结，都存在着以 23 天、28 天、33 天为周期的体力、情绪和智力的盛衰循环性变化规律。这一变化规律按照高潮期—临界日—低潮期的顺序周而复始，人们把这 3 位科学家发现的 3 个生物节奏总结为“人体生物三节律”，因为这 3 个节律像钟表一样循环往复，被人们称作“人体生物钟”，也可称作“PSI 周期”。

3.3.2 【案例】人的反应时间 ◆ 树立正确生命观

3.3.2.1　事故案例

2021 年 6 月 15 日，美国密西西比州某高速公路建设项目中发生了一起严重的施工事故。当时，项目已进入关键的挖掘阶段。一名经验丰富的操作员驾驶挖掘机在施工区域内作业，负责清理施工场地并调整地基。然而，由于该操作员连续工作超过 10 h，身体已显现出明显疲劳迹象。在当天下午约 3 点，操作员驾驶挖掘机行驶至施工轨道附近时，车辆意外偏离原定路线。尽管操作员注意到了异常，但因反应时间较慢，未能及时踩下刹车踏板，导致挖掘机以较高速度撞向施工区域的支撑结构。这一碰撞使得施工现场的部分设备失去支撑发生坍塌，坠落的重物压伤了正在附近工作的两名施工人员。事故发生后，急救人员迅速赶到现场，将受伤人员送往医院救治。两名伤者均产生严重的骨折和软组织损伤，所幸无生命危险。事故发生后，施工项目暂时停工，当地安全部门介入展开调查，以评估事故原因并确认是否存在违规操作或管理漏洞。

3.3.2.2　事故原因分析

在此次事故中，操作员连续工作了 10 h，身体和大脑处于极度疲劳状态。根据生理学研究，长时间的体力和精神消耗会使人的反应时间延长。疲劳会使神经系统的传导速度降低，造成操作员无法迅速识别挖掘机偏离轨道的异常情况，也未能在关键时刻及时踩下刹车踏板。研究表明，疲劳导致的反应延迟不仅增加了决策错误的可能性，还可能使人忽视潜在的危险，最终导致事故的发生。此外，连续工作 10 h，操作员的注意力难以持续集中，容易出现注意力分散的现象。挖掘机操作属于高风险工作，要求操作员时刻保持高度专注。在疲劳状态下，操作员的认知功能受到影响，视觉和空间判断能力减弱，容易错过重要的警示信号。

3.3.2.3　思政要点

在现代社会快节奏的生活中，各行各业的人们都面临着巨大的工作压力和时间挑战。这种压力不仅考验着我们的专业技能，更在无形中挑战着我们的身心极限。以 2021 年 6 月 15 日美国密西西比州某高速公路建设项目中的施工事故为例，不难发现，人的反应时间在极度疲劳状态下会显著延长，从而可能引发一系列不可预测的安全隐患。健康正确的生命观强调平衡与和谐，认为人的生活应包含工作、休息、娱乐等多个方面，而不应仅仅局限于工作的单一维度。

在这起事故中，操作员因连续工作超过 10 h 而身体疲劳，这正是由于工作与休息没有获得平衡而导致的直接后果。当一个人长时间处于高度紧张的工作状态时，其注意力和反应速度都会受到严重影响，从而增加了操作失误的风险。因此，树立正确的人生观，合理安排工作与休息时间，对于维护个人健康和提高工作效率至关重要。同时，价值观在人的行为选择中也起着至关重要的作用。如果一个人将工作业绩和经济效益视为唯一的价值追求，而忽视了对生命的尊重和安全的重视，那么他就可能在面对工作压力时选择冒险或忽视安全规范。因此，树立正确的价值观，将安全放在首位，尊重每一个生命，是预防事故发生的根本所在。

总而言之，应深刻认识到，健康的人生观与价值观是维护个人安全和社会稳定的重要基石。在日常生活中，应学会合理安排工作与休息时间，避免长时间连续工作导致的身心疲劳；同时，也应树立正确的价值观，将安全视为至高无上的原则，尊重每一个生命，严格遵守各项安全规范。只有这样，才能从根本上减少因人的反应时间延长而引发的事故，共同营造一个安全、和谐的社会环境。

3.3.3 【案例】节律周期 ◆ 交际与协调

3.3.3.1 事故案例

1986 年 4 月 26 日，苏联切尔诺贝利核电站发生了严重的爆炸事故，成为历史上最具破坏性的核灾难之一。当天晚上，切尔诺贝利核电站的 4 号反应堆在进行一次安全测试时，操作失误和设计缺陷引发了反应堆的剧烈爆炸。反应堆的爆炸导致大量放射性物质释放到大气中，污染了周围地区。事故发生后，附近的普里皮亚季市民并未立即撤离，直到事故发生数小时后才开始进行紧急疏散。放射性物质通过空气传播，迅速影响到周边数百公里范围内的环境，甚至蔓延到其他欧洲国家。

3.3.3.2 事故原因分析

事故发生在凌晨 1 点 23 分，事故后续调查显示，夜间操作员长期承受高强度工作，生理节律紊乱和过度疲劳是事故发生的重要原因之一。生物学上的昼夜节律（circadian rhythm）调控着人体的睡眠、警觉性、体温和激素分泌等。通常，人们的警觉性在 2 ~ 4 点最为低落。这段时间，人体的核心体温下降、血压降低、激素水平波动，尤其是褪黑激素分泌的增多，使得大脑的反应速度和决策能力大大下降。切尔诺贝利核电站的操作员在凌晨的高强度工作中，生理状态不佳，处于极度疲劳状态，导致他们在接收到反应堆不稳定的警告信号时，未能做出及时而准确的判断，并错误地执行了操作，导致反应堆的功率不稳定，最终引发了爆炸。

3.3.3.3 思政要点

苏联切尔诺贝利核电站的严重爆炸事故，不仅揭示了技术操作失误和设计缺陷的致命后果，更深刻地反映了在复杂系统中，缺乏有效的交际与协调机制可能带来的灾难性影响。这起事故不仅造成了巨大的人员伤亡和环境破坏，更促使人们深刻反思，在高度依赖团队协作和技术管理的现代社会中，如何强化交际与协调的重要性，以预防类似事故的发生。此次事故中操作人员的生理节律可能正处于低谷，导致他们在面对紧急情况时，无法迅速、准确地做出判断和决策。然而，更为关键的是，这种生理节律的影响并未被充分重视，缺乏有效的沟通和协调机制来弥补这一缺陷。如果团队成员之间能够建立更加紧密、高效的沟通渠道，及时发现并纠正操作中的偏差，或许能够避免这场灾难的发生。

有效的交流能够确保信息的准确传递，使团队成员能够及时了解彼此的工作状态和遇到的困难，从而做出合理的调整。同时，协调机制的完善也是预防事故的关键。通过合理的任务分配和资源整合，可以确保团队成员在各自的工作岗位上发挥最大的效能，同时减少因工作重叠或遗漏而导致的安全隐患。此外，交际与协调的重要性还体现在对外部环境的适应和应对上。切尔诺贝利核电站事故中，放射性物质的释放对周边环境造成了严重的污染，影响了数百公里范围内的居民生活。如果核电站与当地政府和居民之间能够建立更加有效的沟通渠道，及时通报事故情况，指导居民采取必要的防护措施，或许能够减轻事故对社会的冲击。

综上所述，应深刻认识到，交际与协调是预防事故、保障安全的重要基石。在日常生活和工作中，应注重培养良好的沟通能力，建立有效的协调机制，确保信息的准确传递和资源的合理配置。同时，也应关注自身和他人的生理节律变化，合理安排工作和休息时间，避免因疲劳等因素导致的判断失误。只有这样，才能共同构建一个更加安全、和谐的社会环境，避免类似切尔诺贝利核电站事故的再次发生。

习题与思考题

3-1　简述粉尘的定义及其危害。

3-2　列举非理智行为的心理因素。

3-3　什么是“感觉”和“知觉”？

3-4　在现代工业生产中，粉尘作业环境对工人的健康构成了重大风险。通过粉尘控制技术可以进行抑尘从而改善环境，从以人民为中心的发展思想出发，分析如何通过技术普惠机制（如政府补贴、企业联合研发）确保中小型矿企工人平等享有粉尘防护技术成果？

4 安全人机功能匹配

【本章导语】

安全人机功能匹配是技术与人文协同的核心议题。本章通过解析人机功能特性、匹配原则与典型案例，探讨人机协作中的安全边界与伦理责任，引导读者理解科学匹配对安全生产的关键作用，培育职业责任感与系统思维。

【学习目标】

- ❖ 掌握人机功能匹配的定义、原则及人因失误的影响因素。
- ❖ 通过案例，理解功能失配的后果与改进策略，强化社会责任意识。
- ❖ 结合法律规范与安全训练实践，培养职业道德、团队协作与风险防控能力。

4.1 安全人机功能

4.1.1 概念与原则

4.1.1.1 人和机的功能

A 人的主要功能

(1) 传感器：通过感觉器官（视觉、听觉、触觉等）接受信息，感知系统的作业情况和机器的状态。

(2) 信息处理器：将接收的信息和已储存在大脑中的经验和知识信息进行比较分析后，作出决定，如作出继续、停止或改变操作的决定。

(3) 操纵器：根据决定采取相应行动，如开关机器或增减其速度等。

B 机的主要功能

(1) 接收信息：通过传感器或接口接收来自外部环境或操作者的输入，如数据、信号或指令。

(2) 储存信息：利用存储装置（如硬盘、内存）保存接收到的指令、数据或处理结果，方便随时调用。

(3) 处理信息：通过内部运算单元对接收到的数据或指令进行计算、分析和判断，生成输出结果。

(4) 执行功能：根据处理结果完成预设任务，如驱动机械部件、输出信号或执行复杂操作。

人与机的优缺点比较见表 4-1。

4.1.1.2 人机功能匹配

A 人机功能匹配的定义及一般原则

对人和机的特性进行权衡分析，将系统不同功能恰当地分配给人或机，称为人机功能

表 4-1　人与机的优缺点比较

项　目	机　　器	人
速度	占优势	时间延时为 1 s
逻辑推理	擅长演绎而不易改变其演绎程序	擅长归纳，容易改变其推理程序
计算	快且精确，但不善于修正误差	慢且易产生误差，但善于修正误差
可靠性	按照给定设计制造的机器，在完成规定的作业中可靠性很高，而且保持恒定，不能处理意外的事态。在超负荷条件下可靠性突降	人脑可靠性远超机械，但极度疲劳与紧急事态下很可能变成极不可靠。人的技术水平、经验以及生理和心理状况对可靠性很有影响，可处理意外紧急事态
连续性	能长期连续工作，适应单调专一作业，需要适当维护	容易疲劳，不能长时间连续工作，且受性别、年龄和健康状态影响，不适应单调作业
灵活性	如果是专用机械，不经调整则不能改作其他用途	通过教育训练，可具有多方面的适应能力
输入灵敏度	具有某些超人的感觉，如有感觉电离辐射的能力	在较宽的能量范围内承受刺激因素，支配感受器适应刺激因素的变化，如眼睛能感受各种位置、运动和颜色，善于鉴别图像，能够从高噪声中分辨信号，易受（超过规定限度的）热、冷、噪声和振动的影响
智力	无（智能机例外）	能应对意外事件和不可能预测事件，并能采取预防措施
操作处理能力	操纵力、速度精密度、操作量、操作范围等均优于人的能力。在处理液体、气体、粉体方面比人强，但对柔软物体的处理能力比人差	可进行各种控制，手具有非常大的自由度，能极巧妙地进行各种操作。从视觉、听觉、变位和重量感觉上得到的信息可以完全反馈给控制器
功率输出	恒定——不论大的，固定的或标准的	1471 W 的功率输出只能维持 10 s，367.75 W 的功率输出可维持几分钟，150 W 以下的功率输出能持续一天
综合能力	多种途径	单一手段
记忆	最适用于文字的再现和长期存储	可存储大量信息，并进行多种途径的存取，擅长于对原则和策略的记忆

匹配。人机匹配的内容包括人机相互配合、显示器与人的信息感觉通道特性的匹配、控制器与人体运动反应特性的匹配、显示器与控制器之间的匹配、环境条件与人的生理和心理及生物力学特性的匹配、其他。

人机功能匹配的一般原则有：（1）笨重的、快速的、精细的、规律性的、单调的、高阶运算的、支付大功率的、操作复杂的、环境条件恶劣的作业以及需要检测人不能识别的物理信号的作业，分配给机器承担；（2）指令和程序的安排、图形的辨认或多种信息输入时，机器系统的监控、维修、设计、创造、故障处理及应对突然事件等工作，由人承担。

B　人机功能匹配对人机系统的影响

过去，由于不明人与机的匹配关系特性，使机的设计与人的功能不适应而造成的失误很多，如作战飞机的高度计等仪表的设计与人的视觉不适应是造成飞机失事的主要原因。

进行合理的人机功能分配，也就是使人机结合面布置得恰当，从安全人机工程学的观点出发分析人机结合面失调导致工伤事故，进而采取改进对策。

人机功能匹配不合理的表现有：可以由人很好执行的功能分配给机器；让人承担的负荷或速度超过其能力极限；人机结合面设计不佳。人机匹配应注意问题有：信息由机器传给人，选择适宜的信息通道，避免造成失误；信息由人传给机器，考虑人的能力和活动范围；充分利用人和机器的各自优势；使机器适合大部分人的使用；一定要考虑到机器发生故障的可能性及简单排除方法；要考虑小概率事件的处理。

4.1.2 【案例】机械故障事故 ◆ 缺乏工匠精神的后果

4.1.2.1 事故案例

2015 年 8 月 12 日，位于中国天津市滨海新区的天津港发生了一起严重的危险化学品仓库爆炸事故。当晚 22 时 51 分左右，位于瑞海国际物流有限公司的危险化学品仓库发生爆炸。此次事故导致 173 人死亡，800 余人受伤，数千人受灾。事故发生后，大量消防员、医护人员及志愿者投入救援工作。周边居民区、工厂等建筑受损严重，经济损失惨重。此次天津港爆炸事故成为我国近年来伤亡人数最多、影响范围最广的安全生产事故之一。

4.1.2.2 事故原因分析

事故调查显示，该爆炸案的直接原因是瑞海公司危险品仓库运抵区南侧集装箱内硝化棉由于湿润剂散失出现局部干燥，在高温天气等因素的作用下加速分解放热，积热自燃；引起相邻集装箱内的硝化棉和其他危险化学品长时间大面积燃烧，导致堆放于运抵区的硝酸铵等危险化学品发生爆炸。这一悲剧背后，暴露出严重的工匠精神缺失。按照规范，硝化棉储存需定期检查湿润剂含量，但工作人员却未严格落实检查流程，对隐患视而不见。此外，高温环境中的作业风险也未得到充分评估和应对，说明管理者缺乏对工作细节的深入思考和对安全的高度责任感。工匠精神要求在每一个环节都追求极致，无论是设备的选择、维护计划的制订与落实，还是风险的评估与应对，都需要以精确和严谨为原则。因此，事故的发生源于对工匠精神的背离，也警示人们必须在管理和操作中重新树立追求卓越的意识，以防止类似灾难的重演。

4.1.2.3 思政要点

工匠精神强调对细节的关注和对质量的追求，要求设备操作人员和维护团队以严谨态度对待每一台设备的运行状态。通过定期检查、及时维修和提升操作技能，可以有效降低机械故障引发事故的风险，保障人员生命财产安全。天津港爆炸事故带来的不仅是生命的逝去与巨大的经济损失，更让人们反思工匠精神的缺失对社会安全造成的严重后果。工匠精神，不仅是对工作的敬业和精益求精，更是一种对生命的敬畏与责任。这种精神应贯穿于安全生产的每一个环节，从设备的选择到维护，从流程的制定到执行，再到风险的评估与应对。事故的发生深刻揭示了在工业化和城市化迅速发展的过程中，部分企业和管理者对工匠精神的淡漠，导致安全管理松懈、风险意识薄弱，最终酿成了这一场灾难。从思想层面来看，工匠精神不仅是技术水平的体现，更是一种关乎生命价值的责任感和使命感。无论是企业还是个体，只有以高度的责任心对待每一个细节，才能真正实现安全与发展的平衡。

工匠精神要求人们在每一个细节中追求极致，以严谨的态度确保每一个环节的安全。然而，在此次事故中，企业在设备和环境的管理上缺乏这样的追求，导致小问题逐步积累成大灾难。由此可见，缺乏工匠精神不仅是企业经营的失误，更是对生命价值的漠视。管理者若不能以高度的责任感和敬畏感面对生产环节中的风险，就无法确保员工和社会的安全。机械设备的定期维护和正确操作是预防事故的基础。培养工匠精神可以让操作人员和技术团队更加重视设备的细节管理和使用规范，减少因机械故障引发的安全隐患。应深刻认识到，每一次对工艺的粗制滥造，都是对安全的漠视，对生命的亵渎。

因此，应重拾工匠精神，将每一次操作都视为对完美的追求，对质量的坚守。在生产过程中，严格把控每一个环节，不放过任何一个细微的瑕疵，确保机械设备的稳健运行。只有这样，才能有效减少机械故障导致的事故，保障生产安全，守护每一个生命的尊严与价值。以工匠精神为引领，共同筑牢安全生产的坚固防线。

4.1.3 【案例】人机功能不匹配 ◆ 人类命运

4.1.3.1 事故案例

2009 年 6 月 1 日，法国航空 447 航班从巴西里约热内卢起飞，计划飞往法国巴黎。然而，在飞行途中，这架搭载着 228 名乘客和机组人员的空客 A330 客机突然与地面失去联系。经过数日的搜寻，人们在大西洋中发现了飞机残骸和部分遇难者遗体。确认 447 航班在飞行过程中坠毁，机上人员全部遇难。这一事件震惊了国际社会，成为法国航空史上最严重的空难之一，同时也引发了全球对航空安全的广泛关注。

4.1.3.2 事故原因分析

法国航空 447 航班空难的发生是“人-机-环”系统功能失配的典型案例，具体原因可以从以下几个方面分析。首先，设备层面，飞机的空速管在高空遭遇冰晶堵塞，导致飞行仪器无法提供准确的速度数据，自动驾驶系统因此关闭，将控制权移交给飞行员。其次，在人机交互层面，飞行员未能快速识别仪器故障的真正原因，缺乏对飞机失速状态的有效应对能力。副驾驶错误地持续拉升操作，使飞机进入失速状态，并最终失控坠毁。最后，在环境层面，事故发生时飞机正处于夜间飞行的大气湍流区，机组人员受限于视觉条件和飞行环境的复杂性，进一步加剧了判断失误的可能性。这场空难表明，人、机和环境在航空安全中缺一不可，任何一环的功能失效都可能带来灾难性后果。而 447 航班事故恰恰是三者之间的匹配问题未能妥善解决的结果。

4.1.3.3 思政要点

在人类社会的发展进程中，技术的不断进步为人们的生活带来了前所未有的便捷与高效。然而，当人与机器之间的功能匹配出现问题时，往往会导致严重的安全事故，对人类生命和财产安全构成重大威胁。法国航空 447 航班的空难，就是一起典型的人机功能不匹配导致的事故。这场空难不仅夺去了 228 条宝贵的生命，更深刻地揭示了技术与人之间的微妙关系，以及这种关系在极端情况下可能引发的灾难性后果。从人类命运的角度来看，人机功能不匹配所导致的事故，不仅仅是某个个体或某个组织的失败，更是对整个人类社会的一种警示。在高度依赖技术的现代社会中，机器已经成为人们生活中不可或缺的一部分。然而，当机器的设计、操作与维护无法与人的认知、技能和需求相匹配时，就可能导致严重的安全事故。这种不匹配可能源于机器的设计缺陷、操作人员的技能不足或是人与机器之间的信息沟通障碍。

此次事故中，飞行员在面对飞机自动驾驶系统失效的紧急情况时，由于缺乏对飞机性能的深入了解，以及对紧急程序的熟悉程度不足，未能及时采取正确的应对措施。这一事件凸显了飞行员与飞机系统之间功能不匹配的问题，也反映了在技术高度复杂的现代社会中，人类与机器之间的协调与合作面临着前所未有的挑战。此外，人机功能不匹配还可能导致社会信任危机。当机器出现故障导致事故时，人们往往会质疑技术的可靠性，甚至对整个技术体系产生怀疑。这种不信任不仅会影响技术的普及和应用，更可能阻碍社会的进步和发展。

所以，应该以“命运与共”的全球视野，重新审视技术发展中的伦理责任与人性温度。在技术层面，需要不断优化机器的设计，提高其稳定性和可靠性，同时加强人与机器之间的信息沟通，确保操作人员能够准确理解机器的状态和意图。在人员培训层面，需要加强对操作人员的技能培训，提高他们的专业素养和应对紧急情况的能力。在社会层面，需要加强对技术应用的监管和评估，确保技术的安全性和可靠性，同时加强公众对技术的了解和信任。

4.2 人失误的影响因素

4.2.1 概述

4.2.1.1 可靠性的定义及其度量

A 可靠性的定义

可靠性是指研究对象在规定条件下、规定时间内、完成规定功能的能力。

B 可靠性度量指标

可靠性度量指标是指对系统或产品的可靠程度作出定量表示。常用的基本度量指标有可靠度 $R(t)$、不可靠度 $F(t)$（或累积故障概率）、故障率（或失效率）$\lambda(t)$、平均无故障工作时间（或平均寿命）、维修度、有效度等。可靠性特征量之间的关系如下。

（1）可靠度与不可靠度的关系：

$$F(t) + R(t) = 1 \tag{4-1}$$

（2）可靠度和不可靠度与故障率密度函数的关系：

$$f(t) = \mathrm{d}F(t)/\mathrm{d}t = -\mathrm{d}R(t)/\mathrm{d}t \tag{4-2}$$

（3）可靠度与故障率的关系：

$$R(t) = \mathrm{e}^{-\int_0^t \lambda(t)\mathrm{d}t} \tag{4-3}$$

4.2.1.2 影响人的可靠性的因素

（1）生理因素。如体力、耐久力、疾病、饥渴、对环境因素承受能力的限度等。

（2）心理因素。因感觉灵敏度变化引起反应速度变化，因某种刺激导致心理特性波动，如情绪低落、发呆或惊慌失措等觉醒水平变化。

（3）管理因素。如不正确的指令、不恰当的指导、人际关系不融洽、工作岗位不称心等。

(4) 环境因素。对新环境和作业不适应，由于温度、气压、供氧、照明等环境条件的变化不符合要求，以及振动和噪声的影响，引起操作者生理、心理上的不舒适。

(5) 个人素质。训练程度、经验多少、操作熟练程度、技术水平高低、责任心强弱等。

(6) 社会因素。家庭不和、人际关系不协调。

(7) 操作因素。操作的连续性，操作的反复性，操作时间的长短，操作速度、频率及灵活性等。

4.2.2 【案例】安全生产法 ◆ 法律意识

4.2.2.1 安全生产法的规范作用

安全生产法是一部旨在确保生产活动安全的法律法规。它的规范作用主要体现在如下几个方面。

(1) 法律法规的约束力。安全生产法具有法律效力，对于生产经营单位和从业人员都具有约束力。

(2) 安全责任的明确。安全生产法规定了生产经营单位的安全生产主体责任和从业人员的安全生产责任。安全生产法通过明确责任和义务，规范企业和个人在生产活动中的行为，从而有效地保障从业人员的人身安全和健康。

(3) 安全标准的制定与推广。安全生产法规定了安全生产的基本要求和标准，为生产经营单位提供了明确的指导。

(4) 安全监管的加强。安全生产法规定了政府有关部门对生产经营单位进行安全监督检查的职责和权限。

(5) 安全教育的普及与宣传。安全生产法规定了对从业人员进行安全教育的要求。

4.2.2.2 安全生产法对减少人失误的作用

安全生产法通过明确相关人员的安全生产职责和义务，可以提高员工对安全生产的重视程度；而通过系统的安全培训，可以帮助员工更好地理解安全操作规程，减少人为失误的概率；安全生产法强调对安全生产的监管和执法力度，要求相关部门对企业的安全生产情况进行监督检查，对存在违规行为的企业进行处罚，这可以有效地促使企业严格遵守安全规定，减少违规操作和人为失误的发生；安全生产法还规定了对生产安全事故责任人的追究和处罚，这一规定对于促使各方加强安全管理、严格遵守操作规程、提高工作细致性和谨慎性具有积极的影响，从而减少人为失误的发生。总的来说，安全生产法通过多方位的规范和强化措施，促使企业和个人在安全生产方面承担更多责任，从而有效地减少人为失误的发生。

4.2.2.3 思政要点

安全生产法对于提高人们的法律意识有着非常重要的作用。首先是法律遵从。安全生产法规定了生产经营单位和从业人员在安全生产方面的义务和责任，通过学习和遵守安全生产法，人们能够清楚地了解自己在工作中应承担的法律责任，以及对他人和环境的法律义务。其次，安全生产法要求生产经营单位进行安全风险评估，并采取相应的措施来控制和消除风险。此外，还有安全规章制度的遵守和安全培训与教育。安全生产法要求生产经营单位建立健全安全规章制度，明确安全操作规程和管理要求。安全生产法对不同行业和领域制定了相应的安全标准和规范，促使企业树立科学合规的生产理念。遵守这些规范有利于推动行业内部的自律发展，还将更容易获得政府和公众的信任与支持，提升整个行业的安全水平和竞争力。安全生产法还规定了对从业人员进行安全教育和培训的要求。通过接受安全培训和教育，从业人员能够更好地了解和理解安全法律法规，增强对法律的认知和遵守意识。最后是法律意识的普及宣传。安全生产法的实施需要政府部门、行业协会等组织加强对法律法规的宣传和普及。通过开展宣传活动，提高公众对安全法律法规的认知和了解，促进法律意识的培养和提升。

通过以上方面的实施和落实，安全生产法将促使生产经营单位和从业人员树立正确的法律意识，使其在日常生产活动中更加注重遵守法律法规，从而有效保障生产过程中的安全。安全生产法的规范作用对于增强法律意识有着深远的意义。

因此，应深刻认识到安全生产法的重要性，它不仅有助于保障人们的生命安全和财产安全，还能促进社会的法治进程，构建和谐稳定的社会环境。我们要自觉遵守法律规定，强化安全意识，共同营造一个安全、可靠的生产环境。只有严格遵守安全生产法，才能确保生产活动安全运行，保障员工的生命安全和健康，推动企业的可持续发展，共同维护社会的和谐稳定。

4.2.3 【案例】安全训练 ◆ 团队意识

4.2.3.1 安全训练

安全训练是一种系统性的教育和培训活动，旨在提高参与者对安全知识、安全意识和安全技能的理解和掌握，以减少危险和事故的发生，保障工作场所和生活环境的安全。安全训练可以涵盖各个领域，包括但不限于工业、建筑、交通、医疗、教育、环保等。它的目标是向参与者传授有关安全方面的知识、法规、规范，以及正确的安全操作和应对紧急情况的技能。通过训练，参与者能够认识和理解工作场所或生活环境中的潜在风险，学会预防事故的发生，增强自我保护和紧急应变能力。安全训练通常由专业安全人员、教育培训机构或相关部门负责进行，形式多样，可以是理论知识的讲解、现场演示、模拟演练、互动讨论、案例分析等。同时，安全训练也要根据不同行业和工作环境的特点进行针对性的培训，以确保培训的有效性和实际应用性。

4.2.3.2 某市消防救援队伍全员岗位大练兵

某市消防部门认识到为提升全市消防救援队伍的整体应急救援能力，以及加强队员的专业技能和应变能力的必要性，决定在全市开展岗位大练兵活动，以提高全市消防救援队伍的整体素质。目的是提高全市消防救援队员的实战能力和应急处理水平、加强队员之间的团队合作意识、提高应急救援的整体协作效率、增强队员的责任心和自觉遵守消防法规的意识，确保消防救援工作的安全和规范性。通过全市消防救援队伍全员岗位大练兵活动，队员们得到了全面的实战锻炼和训练，进一步提高了应急救援的能力和水平。团队合作意识得到了增强，队员之间的默契和信任度提高。在实际工作中，队员们能够更加从容应对各类灾害和突发事件，有效保障了市民的生命财产安全。大练兵活动促进了消防队伍的持续发展和专业化建设，使整个消防救援队伍在维护社会安全稳定方面发挥了更重要的作用。同时，大练兵活动也提高了公众对消防救援队伍的认知和信任，增强了社会的安全感和满意度。总体而言，全市消防救援队伍全员岗位大练兵为推动消防救援事业向更高水平发展做出了重要贡献。

4.2.3.3 思政要点

在当今社会，无论是应对突发的自然灾害，还是处理复杂的安全生产问题，团队的力量都是不可或缺的。团队意识，作为团队协作的基石，其重要性在各类安全训练中得到了淋漓尽致的体现。安全训练，不仅是对个体技能的提升，更是对团队整体协作能力、应急反应速度和责任意识的全面锤炼。一个互相协作的团队，能够迅速而准确地应对各种紧急情况，将损失降到最低。反之，缺乏团队意识的个体，即使技能再高超，也难以在关键时刻发挥出最大的效能。安全训练通过模拟真实场景，让团队成员在紧张的氛围中学会相互信任、相互支持，从而在实战中能够迅速形成合力，共同应对挑战。

安全训练还能够增强团队成员的责任心。在训练中，每个成员都需要对自己的任务负责，对团队的整体目标负责。这种责任心的培养，有助于成员在实际工作中时刻保持警惕，严格遵守安全规范，确保自身和团队的安全。同时，责任心也是团队协作的黏合剂，它能够激发团队成员的积极性和创造力，推动团队不断向前发展。此外，安全训练还能够提升团队成员的应变能力。在复杂多变的安全环境中，团队成员需要具备快速适应和灵活应变的能力。安全训练通过模拟各种可能的紧急情况，让团队成员在实践中学会如何迅速调整策略，采取有效行动。同时，训练还能够激发团队成员的思维，鼓励他们在面对困难时勇于尝试新方法、新思路，从而不断提升团队的整体作战能力。

为此，应深刻认识到安全意识培养与团队意识提升在安全训练中的核心地位。通过持续的安全训练，不仅能够提升个体的专业技能和应变能力，更能够强化团队成员之间的默契与信任，形成坚不可摧的团队合力。这种合力，在面对各种安全挑战时最宝贵的财富。因此，应积极参与安全训练，不断提升自己的安全意识和团队协作能力，为构建一个更加安全、和谐的社会环境贡献自己的力量。同时，也应鼓励身边的人加入安全训练的行列中，共同提升整个社会的安全意识和团队协作能力。

4.3 人因失误

4.3.1 概述

人因失误受人、环境、技术、机械、管理等5个方面的影响。

（1）人导致的人为差错。

人在正常状态下，会发生正常人的偶发过失。在不稳定状态下，人因失误包括生理因素（如疲劳、体弱、疾病、残疾）、心理因素（心理紧张、注意力降低、心理疲劳、情绪失常、心理幻觉等）、人际关系不良。此外，人因失误还包括人的错觉差错，如视错觉、听错觉、触错觉、本体错觉、嗅错觉。

（2）环境导致的人为差错。

环境方面，不良环境和紧急事态都会导致人为差错。不良环境包括空间、照明、温度、湿度、噪声、粉尘、毒物。紧急事态包括非正规作业和异常心理状态（如发呆、恐惧、惊慌失措等）。

(3) 技术导致的人为差错。

技术方面包括判断差错和操作差错。

判断差错包括：1）信息加工差错（分析、记忆、比较、判断、决策）；2）人员选择不当；3）技术培训不力；4）人机工程设计错误；5）经验不足。

操作差错包括：1）人员选择不当；2）技术培训不力；3）人机工程设计错误；4）经验不足。

(4) 机械导致的人为差错。

机械因素导致的人为差错包括：1）信息显示装置差错（信号太弱、太乱、显示不正确、显示不全等）；2）控制装置差错（灵敏度不够、调节困难、操作不便等）；3）人机工程设计错误；4）功能、结构、形式设计不良。

(5) 管理导致的人为差错。

机械因素导致的人为差错包括：1）信息传递错误、决策错误；2）计划不周，劳动组织不严密，法规制度不健全；3）监督检查要求不当。

4.3.2 【案例】人的不安全行为 ◆ 不能忽视安全文化

4.3.2.1 事故案例

2014 年 12 月 31 日上午 9 时 30 分，某工程机械制造有限公司发生一起气体爆燃事故。事故发生时，现场共有数十名工人作业，爆炸造成 18 人死亡、32 人受伤，其中 1 名伤员因伤势过重，经抢救无效于 2015 年 1 月 2 日死亡。经调查，事故车间已严重损毁，爆炸部位面积约 1298 m^2，屋顶坍塌面积约 600 m^2。事故原因是工人在 3 车间装配线用易燃液体稀释剂（主要成分为二甲苯）清洗输送链，而附近有人正在进行电焊作业，火星溅落引发爆燃。据调查，事故发生时，现场工人并未严格遵守安全操作规程，忽视了易燃易爆物品处理的相关规定，导致了这场本可避免的惨剧。

4.3.2.2 事故原因分析

本次事故的直接原因是工人在处理易燃易爆物品时的疏忽大意。工人在明知稀释剂为易燃液体的情况下，仍然选择在装配线附近进行清洗作业，而装配线附近恰有其他工人正在进行电焊作业，火星溅落的风险极高。这种忽视安全规定、抱有侥幸心理的行为，最终导致了严重的后果。更深层次的原因在于企业安全管理的缺失。企业未能建立健全的安全管理制度，或者制度执行不到位，导致工人对安全规定的重视程度不够。此外，工人的安全培训可能也不足，使得他们在面对潜在危险时缺乏足够的判断力和应对能力。这些管理上的漏洞，为事故的发生埋下了隐患。

4.3.2.3 思政要点

从安全文化的角度深入剖析人的不安全行为导致的事故，不难发现，这背后隐藏的不仅仅是个人或企业的疏忽大意，更是对生命安全的漠视和社会责任的缺失。安全文化作为安全生产的坚实基础，是贯穿于生产活动中全员共同遵循的价值准则与行为规范。在安全生产领域，安全文化的缺失直接表现为风险意识的淡薄与管理责任的虚化，导致人的不安全行为的产生。

首先，从个人层面来看，安全文化要求每一名劳动者将“生命至上”的理念内化为自觉行动。在安全生产中，任何一次对规章制度的漠视、对安全规程的侥幸规避，都可能成为事故链的起点。然而，一些工人往往因为追求效率、节省时间等原因，忽视了安全规定，抱有侥幸心理。这种安全文化的缺失，本质上是对个体生命权的轻慢，更是对集体安全底线的践踏。其次，从企业层面来看，安全文化是企业的生命线，是企业社会责任的核心体现。一个真正重视安全文化的企业，必然将“零事故”作为生产底线，而非以牺牲安全为代价追求效益。反观此次事故，企业不仅未构建“人人讲安全、全员抓安全”的文化氛围，还放任工人冒险作业。这种对安全文化的系统性忽视，最终导致惨痛事故的发生。此外，从社会层面来看，安全文化也是构建和谐社会的重要保障。安全生产事故的发生，往往会给社会带来极大的负面影响。因此，加强安全生产领域的安全文化建设，对于构建和谐社会具有重要意义。政府和社会各界应该加强对安全生产的监督和宣传，提高公众对安全生产的认识和重视程度。最后，还应该建立健全的安全生产法律法规体系，对违反安全规定的行为进行严厉打击和处罚。

因此，应该从个人、企业和社会3个层面入手，共同加强安全文化建设。个人应该提高安全意识，严格遵守安全规定；企业应该加强安全管理，确保生产安全；政府和社会各界应该加强对安全生产的监督和宣传，营造良好的安全生产氛围。应深刻认识到，安全生产无小事，安全文化是大事。只有每个人都将诚实守信内化于心、外化于行，才能共同构建一个安全、和谐、诚信的社会环境。

4.3.3 【案例】安全管理效果 ◆ 爱岗敬业

4.3.3.1 安全管理

安全管理（safety management）是国家或企事业单位安全部门的基本职能，它运用行政、法律、经济、教育和科学技术手段等，协调社会经济发展与安全生产的关系，处理国民经济各部门、各社会集团和个人有关安全问题的相互关系，使社会经济发展在满足人们的物质和文化生活需要的同时，满足社会和个人的安全方面的要求，保证社会经济活动和生产、科研活动顺利进行、有效发展。安全管理也是企业生产管理的重要组成部分，企业安全管理的内容主要包括行政管理、技术管理、工业卫生管理；企业安全管理的对象包括生产的人员、生产的设备和环境、生产的动力和能量，以及管理的信息和资料；企业安全管理的手段有行政手段、法制手段、经济手段、文化手段等。

4.3.3.2 安全管理效果案例

2020年5月以来，中铁二十二局集团建筑构件有限公司通过各类安全质量知识竞赛、安全质量宣教室、安全应急演练等方式，打造出了一线员工安全管理“新模式”，实现了建厂两年以来安全“零事故”。在安全管理上，构件公司积极探索创新模式，多措并举，推动企业安全发展，努力实现“零伤害、零事故”的安全管理目标。该公司主要实施了以下一系列安全管理措施：

（1）创新安全教育模式，共创安全示范班组；

（2）创新安全主题活动，提高全员安全意识；

（3）创新信息化管理手段，助推安全管理水平。

该公司通过不断创新安全管理模式，开展各类安全主题活动，落实企业安全生产主体责任，切实消除各类安全隐患，人员安全意识得到进一步提升，对现场细节的管控也更加到位，确保了生产一线的生产安全，助推集团公司健康发展，安全发展。

4.3.3.3　思政要点

通过以上案例可以看出，安全管理作为企业核心管理内容，深刻体现了管理者和员工爱岗敬业的工作态度。从公司高层到基层员工，均将安全视为首要职责，通过系统化落实安全规程、主动参与技能培训、定期排查隐患等行为，展现出高度的责任感与职业素养。具体表现为：一是严格遵守安全制度，杜绝因工作繁忙而简化流程；二是积极参与安全培训，持续提升风险防控能力；三是主动维护工作环境安全，通过巡查及时消除潜在风险。在此基础上，具备爱岗敬业的工作态度还有利于员工主动遵守以下事项：规范使用防护装备、全程参与安全会议、严格执行事故上报机制、推动安全文化传承、拒绝冒险作业、定期总结改进安全措施、以标杆行为带动团队。这种将个人职责与企业安全管理体系深度融合的职业态度，不仅有效防范安全事故，更通过经验沉淀与文化辐射，持续提升企业整体安全治理水平，形成“人人都是安全责任人”的良性生态。

我们应将爱岗敬业内化为行动指南，不仅追求个人技能的提升，更要将安全意识融入日常工作的每一个细节中。无论身处何种岗位，都应视安全管理为己任，积极参与安全文化建设，通过持续学习和实践，不断提升自身的安全操作能力和应急处理能力。只有这样，我们才能共同筑起一道坚不可摧的安全防线，为企业的稳健发展和社会的和谐稳定贡献自己的力量。

习题与思考题

4-1　简述人和机的主要功能。

4-2　简述可靠性的定义，以及影响人的可靠性的因素。

4-3　人因失误受哪些方面的影响？

4-4　法国航班空难揭示了人机认知鸿沟的致命后果，证明人机功能匹配的至关重要。从“生命至上”理念出发，分析控制系统与人类反应特性失配如何影响社会公平正义，并论述在技术设计中应如何践行“人类命运共同体”的理念？

5 显示器设计

【本章导语】

显示器设计是人机工程学的重要领域，本章通过系统解析视觉/听觉显示器原理、设计规范与布局策略，结合智能穿戴、公共安全等跨场景案例，探讨技术伦理与社会责任。

【学习目标】

❖ 掌握视觉和听觉显示器的设计原则与分类标准，能辨析其适用性。
❖ 通过案例分析技术参数背后的科学思辨能力。
❖ 学习运用相关理论对人机交互界面进行优化，结合案例增强科技自信。

5.1 显示器概述

5.1.1 概述

显示器（display device 或 monitor）是一种信息传递装置。在人机系统中，机器通过显示装置向操作人员传递各种信息。按照人对信息接受器官的不同，显示器大致分为视觉显示器、听觉显示器和触觉显示器。

视觉显示器（visual display）是人机系统中通过人的视觉通道向人传递信息的装置。根据其显示信息的方式，可分为动态显示器与静态显示器、定性显示器与数量显示器；根据其功能特点，可分为读数显示器、核查显示器、警戒显示器、追踪显示器和调节显示器。其总的设计原则是显示内容须醒目、清晰、易懂。

听觉显示器（auditory display）是人机系统中以听觉方式向人提供信息的信息显示装置。

触觉显示器（tactual display）是人机系统中用机械刺激或电刺激作用于皮肤向触觉传递和显示系统信息的装置。其形状、显示强度等随身体不同的接收部位而有所不同。

5.1.2 【案例】显示器的应用 ◆ 科技自立自强

5.1.2.1 显示器的应用

显示器是现代信息社会中不可或缺的输出设备，广泛应用于教育、医疗、娱乐、工业生产等多个领域。它的主要功能是将复杂的信息通过直观的图像和文字呈现出来，帮助用户进行决策、分析和创造。在医疗领域，高清显示器可支持精准的医学影像诊断；在工业生产中，显示器用于实时监控和管理生产线，确保高效与安全；而在教育和娱乐领域，显示器的普及为在线学习和沉浸式体验提供了硬件基础。然而，面对技术不断革新和多样化需求，选择显示器不仅需要关注性能指标，还需结合具体应用场景与经济成本进行权衡。

显示器的应用对提高工作效率、改善生活质量、推动科技进步具有重要意义。因此，在分类与选择显示器时，应坚持辩证思维，综合考虑性能、成本和环境影响，以满足实际需求并实现资源的优化配置。

5.1.2.2　华为 MateView 显示器设计

以华为推出的 MateView 显示器为例，它不仅在设计上追求简约而不失大气，更是在技术性能上展现了国产显示器的崛起。MateView 采用了高分辨率的 IPS 面板，支持广色域显示，色彩准确度高，能够满足专业设计、摄影及视频剪辑等领域的苛刻需求。同时，它还配备了多种护眼模式，有效缓解长时间使用电脑带来的视觉疲劳。更重要的是，MateView 作为国产品牌，其性价比优势显著，让更多人能够享受到高品质显示带来的视觉盛宴。这款显示器的推出，不仅体现了华为在技术创新上的不懈追求，更彰显了国产品牌在高端显示器市场的竞争力。

5.1.2.3　思政要点

显示器作为现代信息社会的重要视觉工具，其分类与选择不仅关乎个人使用体验的优劣，更映射着国家科技自立自强的进程。首先，显示器的分类与选择体现了国家科技水平的提升。随着科技的飞速发展，显示器的技术性能不断升级，从分辨率、色彩准确度到护眼功能，每一项技术的突破都凝聚着国家科技人员的智慧和汗水。选择一款高性能的显示器，不仅是对技术性能的追求，更是对国家科技自立自强的积极呼应。其次，显示器产业的生态构建映射着产业链自主可控的进程。在全球显示器产业竞争格局中，构建从核心材料到终端设备的完整技术体系，提升关键部件的国产化率，正是科技自立自强的核心命题。此外，显示器技术的应用创新承载着科技赋能发展的责任担当。从提升生产效率的工业级显示设备，到支撑前沿科研的特种显示装置，每一项技术突破都在推动产业升级。这既是对产业链安全的保障，更是对科技强国建设的实质性支持。

总之，应认识到显示器技术的跃升轨迹印证着：科技自立自强是必由之路。当选择搭载国产自主技术的显示设备时，实质是在为技术突破助力，为产业链安全护航。以技术自主为基石、以产业安全为使命，在新型显示技术的征程中践行科技自立自强的精神，为建设世界科技强国凝聚创新力量。

5.1.3 【案例】声光报警装置 ◆ 人类命运

5.1.3.1　设计应用

声光报警装置是现代安全系统的重要组成部分，广泛应用于消防、工业生产和日常生活中。其设计原则需要遵循科学性、功能性与可操作性的统一。科学性要求报警装置能够根据特定场景精准识别异常并发出警报，如火灾报警装置需快速检测烟雾或温度异常；功能性要求其信号输出形式清晰明确，包括声音和光线两种方式，以确保及时传达警报；可操作性强调装置的安装与维护便捷，并具备低能耗和高可靠性的特点。这些设计原则要求工程师在设计过程中充分应用科学知识，结合实际需求进行综合评估。

5.1.3.2　巴黎圣母院重建后的声光报警装置应用

2019 年巴黎圣母院大火暴露了报警系统中的设计问题，而随后更新的报警系统正是声光报警装置改进的典型案例。新的系统采用了多传感器融合技术，包括烟雾、温度和火焰检测，能够更精准地识别火灾信号。报警装置采用高分贝声响和强光闪烁，确保在教堂内复杂的空间环境中迅速引起注意，并配备了远程监控功能，可以实时向消防部门传递警报信息。通过这一案例可以看出，科技的创新进步在声光报警装置设计中的重要性，它不仅提升了系统的可靠性和响应速度，也有效减少了误报和漏报的发生。

5.1.3.3 思政要点

声光报警装置作为预警系统的重要组成部分，其设计不仅体现了科技进步的力量，更蕴含了对人类共同命运的深切关怀。首先，声光报警装置的设计原则应基于对人类生命安全的尊重与保护。在各类灾害事故中，时间就是生命。因此，声光报警装置的设计必须确保在第一时间发出警报，以最快的速度引起人们的注意，从而有效减少人员伤亡和财产损失。巴黎圣母院大火后的报警系统改进案例，正是对此原则的生动诠释。通过多传感器融合技术，系统能够更精准地识别火灾信号，高分贝声响和强光闪烁则确保了警报在复杂空间环境中的迅速传播，这些设计都体现了对人类生命安全的极致追求。其次，声光报警装置的设计还应注重社会公平与正义。在灾害面前，每个人都应享有平等的生存权。因此，声光报警装置的设计应考虑到不同人群的需求和差异，确保所有人都能及时、准确地接收到警报信息，让每一个社会成员都能在灾害来临时得到及时有效的保护。

此外，随着全球气候变化的加剧，各类自然灾害频发，对预警系统的要求也越来越高。因此，在设计声光报警装置时，应注重其环保性、耐用性和可扩展性，确保系统能够在长期使用中保持高效稳定的运行状态，同时减少对环境的负面影响。最后，声光报警装置的设计还应与人类文明的传承与发展相结合。在自然灾害面前，人类文明的脆弱性暴露无遗。

因此，应通过设计更加智能、高效的预警系统，提升人类社会的抗灾能力，保护人类文明的成果。同时，还应加强国际合作，共同应对全球性的灾害挑战，推动构建人类命运共同体。应认识到，声光报警装置的设计原则不仅关乎个体安全，更与人类社会的和谐稳定、人类文明的传承与发展紧密相连。在设计和使用声光报警装置时，应秉持人类命运共同体的理念，注重生命安全、社会公平、可持续发展和文明传承，共同构建一个更加安全、和谐、美好的世界。

5.2 显示器设计分类

5.2.1 分类与概述

5.2.1.1 视觉显示器的设计

A 刻度盘和刻度的设计

刻度盘形状的选择主要根据显示方式和人的视觉特性。开窗式刻度盘优于其他形式，圆形和半圆形优于直线形刻度盘，水平直线优于垂直直线。刻度盘上最小刻度线间的距离称为刻度，常见的刻度类型有单刻度线、双刻度线和递增式刻度线。刻度的大小可根据人眼的最小分辨能力和刻度盘的材料性质及视距而确定。最小尺寸一般在 1~2.5 mm 选取，钢和铝的最小刻度为 1 mm，黄铜和锌白铜为 0.5 mm。当刻度线宽度为刻度的 10% 左右时，读数的误差最小。刻度方向必须遵循视觉规律，水平直线型应从左到右，竖直直线型应从下到上，圆形刻度应按顺时针方向安排刻度值。

B 字符和指针的设计

标度数字的原则有指针运动盘面固定的仪表标度的数字应直排、盘面运动指针固定的仪表标度的数字应辐射定向安排等。指针的大小、宽窄、长短和色彩配置等必须符合监控人员的生理和心理特性。指针尖宽度应与最短的刻度针等宽，指针与刻度盘的配合应尽量接近。

C 仪表的颜色设计

指针式仪表的颜色设计主要包含刻度盘面、刻度标记和数码、字符以及指针的颜色匹配问题。研究表明，最清晰的搭配是黑与黄，最模糊的搭配是黑与蓝；墨绿色和淡黄色仪表面分别配上白色和黑色的刻度时，其误读率最小；黑色和灰黄色仪表面上分别配上白色刻度线时，误读率最大。

D 信号灯和符号标志设计

信号灯的设计原则有：清晰、醒目和必要的视距；合乎使用目的；按信号性质设计；注意信号灯位置与颜色的选择；信号灯与操纵杆和其他显示器的配合。符号标志的评价标准有识别性、注目性、视认性、可读性、联想性。路标的具体评价依次为标志的识别距离、文字的识认距离、认读时间、判断时间和对应动作时间 5 项。

5.2.1.2 听觉显示器的设计

听觉传示装置分为两大类：一类是音响和报警装置；另一类是语言传示装置。

A 音响和报警装置的设计原则

音响和报警装置的设计原则如下。

(1) 音响信号必须保证使位于信号接收范围内的人员能够识别并按照规定的方式作出反应。因此，音响信号的声级必须超过听阈。

(2) 音响信号必须易于识别。音响和报警装置的频率选择应在噪声掩蔽效应最小的范围内。

(3) 为引起人注意，可采用时间上均匀变化的脉冲声信号，其脉冲声信号频率不低于 0.2 Hz 和不高于 5 Hz，其脉冲持续时间和脉冲重复频率不能与随时间周期性起伏的干扰声脉冲的持续时间和脉冲重复频率重合。

(4) 报警装置最好采用变频的方式，使音调有上升和下降的变化，可明显地与环境噪声和其他声信号相区别。

(5) 显示重要信号的音响装置和报警装置，最好与光信号同时作用，组成“视听”双重报警信号，以防信号遗漏。

B 语言传示装置的设计

对于语言传示装置，其语言的清晰度必须在75%以上，语言强度最好在60～80 dB。

5.2.2 【案例】智能手表 ◆ 科学思辨

5.2.2.1 显示器设计的设计原则和注意事项

识读简单化原则是显示器设计的根本原则，即显示的信息要简单明了，与接受者的感觉器官匹配，接受者能够简单、迅速、准确地感知和确认该信息。为了识读简单化，显示的信息要有较好的可觉察性、可辨性，并且信息内容不超过人的观察范围和注意能力；显示器传递的信息不能过多，当一种感觉通道负荷过大时，可使用另一通道；对于重要信息，多重感觉通道比单一通道更容易注意和识读；同种类的信息应该用同种类的方式显示；显示信息变化时，显示方向和幅度应该与信息变化的趋向一致、显示方式应该与操作者的思维过程一致；信息编码应该尽可能统一和标准化；显示的量值应该有足够精度和可靠性；多个显示器时，重要的显示器应放在显要位置。

5.2.2.2 智能手表上的液晶显示屏

智能手表的液晶显示屏通过数字方式直接显示时间、日期、步数、心率等参数和工作状态，符合识读简单化原则的多个要点。液晶显示屏采用高对比度和清晰的显示技术，确保信息清晰可辨，用户能够迅速、准确地感知和确认显示的信息；其设计简洁明了，避免信息过多，用户可以专注于关注重要的显示内容，如时间、日期、健康数据等；多重感觉通道：智能手表的液晶显示屏不仅通过视觉方式呈现信息，还会通过震动或声音等方式提供用户交互和反馈，增加了多重感觉通道；显要位置安排：重要的信息通常会放在智能手表的液晶显示屏的显要位置，如时间、日期、健康数据等，以便用户快速获取关键信息。

5.2.2.3 思政要点

科学思辨能力是指人们通过逻辑推理、数据分析和假设验证等方式，能够理性地思考、分析和解决问题的能力。这种能力对于个人的成长和社会的发展非常重要，它不仅有助于人们理解和应对日常生活中的问题，还能够推动科学技术的发展，推动社会进步。在显示器的设计原则中，科学思辨能力也是一种必备素质，只有具备一定的科学思辨能力，才能设计出既符合显示器设计原则，又能满足客户需求的产品。通过运用科学思维，设计师可以更全面地理解用户需求、材料特性、色彩科学等各个方面的知识，并将这些知识融入设计中，创造出更具科学性和优越性能的显示器产品。在显示器的设计原则中科学思辨能力主要体现在以下几个方面：

(1) 数据分析和可观察性，显示器设计中需要考虑信息的可观察性和可辨性，这要求设计者能够分析用户需要显示的数据，以及用户对这些数据的感知和理解能力；(2) 逻辑推理和信息编码，显示器的设计需要考虑信息的编码方式，设计者需要通过逻辑推理确定最合适的信息表达方式，使用户能够迅速理解和确认信息；(3) 多重感觉通道和综合思考，考虑到用户的多重感觉通道，显示器设计需要综合考虑不同感知方式，这要求设计者具备在多个方面进行思考和分析的能力；(4) 精度和可靠性的要求，显示器所呈现的数据需要具备足够的精度和可靠性，设计者需要通过科学的分析和验证确保信息的准确性。

综上所述，显示器设计原则中体现出了科学思辨能力的重要性。

为此，应不断提升自身的科学思辨能力，将理论与实践紧密结合，勇于创新，不断探索更加高效、智能的显示器设计方案。同时，加强跨学科合作，整合各方资源，共同推动显示器技术向着更高精度、更强交互性和更优用户体验的方向发展，为数字化时代的用户体验优化和技术革新提供坚实支撑。只有这样，才能创造出真正符合人类需求的智能显示产品，推动人机交互技术迈向新的高度。

5.2.3 【案例】数字显示器 ◆ 产品设计

5.2.3.1 数字显示器的优缺点

数字显示器是接收、处理数字信号的显示器，作为一种先进的显示器类型，它正在呈现加速发展的态势。数字显示器的先进性：（1）体现在信号的保真度上，在传输的过程中，数字信号的损失几乎为零，因此数字显示器的显示效果更加逼真；（2）数字显示器具有单一模式的回路结构，因而系统更简单、更可靠；（3）数字显示器中没有了可见扫描线的干扰，因此能够显现更清晰的动态图像、游戏等，能获得图形作业所需的高水准图像效果。同时，数字显示器可以更有效地实现与显示效果直接相关的性能，如色彩修正，肤色补偿，色彩再校准等。它也存在成本较高、可能存在兼容性问题及更短的寿命的缺点。

5.2.3.2 联想拯救者 Y25-30 显示器

联想拯救者 Y25-30 是一款高性能电竞显示器，采用高刷新率面板与自适应同步技术，能为游戏和图形处理提供流畅体验。其高刷新率与快速响应时间的组合，配合动态模糊抑制功能，能有效减少高速画面拖影；广色域覆盖与精准色彩调校，结合高动态范围技术，可呈现丰富的色彩层次。四向调节支架支持多角度灵活调整，护眼模式设计有助于缓解长时间使用时的眼部压力。不过，该显示器在细节表现上稍逊于更高分辨率的产品；同时，其亮度表现处于中等水平，暗部场景的细节呈现能力相对有限。

5.2.3.3 思政要点

在科技产品深度融入生活的当下，联想拯救者 Y25-30 数字显示器的设计与应用，不仅是技术革新的体现，更折射出以人为本的价值追求及其深远的社会意义。该产品的性能配置，充分展现了开发者对使用体验的深度思考。其高刷新率与快速响应时间的组合设计，精准回应了游戏玩家对画面流畅度的核心诉求，这种设计思路既是对专业用户需求的细致考量，也兼顾了普通消费者对娱乐体验的期待，体现了对不同用户群体需求的平衡把握。显示器通过广色域覆盖与精准色彩调校技术，既满足了专业设计场景对色彩准确性的要求，也为日常影音娱乐提供了更具沉浸感的视觉体验。这种多维度的技术融合，反映出对用户感知体验的系统性关注。而可调节支架结构与护眼功能的应用，则将人体工学融入产品设计，缓解用户长时间使用的视觉疲劳，这一细节更是生动诠释了“以人为本”理念中对用户身心健康的重视。

然而，产品在追求高性能的过程中也面临挑战。全高清分辨率虽能满足多数场景需求，但在超高清画质内容逐渐普及的趋势下，难以满足对极致画质有更高追求的用户群体，这反映出技术创新与成本控制之间的矛盾。在技术创新的同时，要注重技术的均衡性与普及性，确保科技成果能够惠及更广泛的人群。此外，产品由于亮度与对比度参数上的限制，在显示复杂光影场景时存在不足，这要求在产品设计时更加关注全面性，以满足不同用户群体的多样化需求。这些局限促使人们思考，在快速消费的时代背景下，如何通过技术迭代与设计优化，提升产品的耐用性与可持续使用价值，减少资源浪费。

正因如此，应认识到，数字显示器的设计不仅是技术活动，更是价值创造的过程。在这一过程中，需始终坚持以人为本的设计理念，注重用户体验与审美需求，同时积极践行均衡发展、可持续发展的价值理念。唯有将用户需求作为技术创新的核心导向，推动技术进步与人文关怀的和谐共生，才能设计出真正满足人们美好生活需要、符合时代发展趋势的优秀数字产品，让科技发展更有温度与深度。

5.3 显示器的总体布局

5.3.1 概述

在显示器中，仪表盘是指一种用户界面设计，旨在以直观、图形化的方式向用户展示关键信息和数据。当在一个控制室内有许多块仪表盘，而每一块仪表盘上又装有许多仪表时，则仪表盘和仪表布置得是否合理，关系到识读效果、巡检时间和工作效率问题。

如果许多块仪表盘一字排开，会造成眼睛至盘面上各点的视距不一样。盘面中心部位视距最短，识读效率最高，盘面边沿部位视距长，识读效率最差。造成人体的运动，加速疲劳，降低劳动生产率。

当视距为 800 mm 时，若眼球不动，水平视野 20°范围为最佳识读范围，其正确识读时间为 1 s。当水平视野超过 24°以后正确识读时间开始急剧增加，且 24°以外区域的左半部正确识读时间比右半部正确识读时间短。此外，视线与盘面垂直可以减少视觉误差。当人坐在控制台前时，头部一般略向前倾，所以仪表盘面应相应后仰 15°～30°，以保证视线与盘面垂直。

5.3.2 【案例】城市管理系统 ◆ 中国方案贡献

5.3.2.1 仪表盘布置形式

根据不同的需求和领域，仪表盘的布置形式也不同。根据仪表盘的数量分为一字形、弧形、弯折形布置形式。一字形布置的结构简单，安装方便，是目前控制定仪表盘的常见布置形式，常用于大中型控制室；弧形布置有较强的科技感和时尚感，适用于现代化的车型设计；弯折形布置形式的仪表盘主要用于一些大型控制室中来监控和控制复杂的工业过程、设备或系统。除此之外还有 T 字布局、Y 字布局、L 字布局、X 字布局、全数字化仪表盘和全景显示的布置形式。飞机仪表盘一般遵守的就是 T 字布局，其余布置形式多见于汽车仪表盘。

5.3.2.2 现代城市智能交通管理系统的仪表盘

以现代城市智能交通管理系统的仪表盘为例，该系统集成了高铁运行监控、共享单车分布概览、移动支付交易统计以及网购物流追踪等多功能模块，堪称现代版“新四大发明”的集中展现。仪表盘采用大屏显示，清晰直观，各部分布局合理，色彩鲜明且富有科技感。高铁运行模块以动态轨迹图呈现，实时更新列车位置与速度；共享单车模块则通过热力图展示车辆分布密度，便于调度管理；移动支付与网购物流模块则以图表形式展现交易量与物流动态，数据一目了然。整个仪表盘设计不仅体现了高科技含量，更彰显了中国在新时代科技创新领域的卓越成就。

5.3.2.3 思政要点

仪表盘作为现代技术与信息集成的重要展示平台，其设计理念与布局形式不仅体现了技术的实用性与美观性，更彰显了中国方案在全球治理和科技发展中的独特贡献。以城市智能交通系统仪表盘为例，它集成了高铁、共享单车、移动支付和网购物流等多个功能模块，既展现了我国在科技融合创新方面的能力，也为解决交通效率、绿色出行、便民服务等全球性难题提供了“中国智慧”。

这些技术系统的集成与可视化，不仅提高了社会运行的效率，也成为中国向世界输出先进理念和技术标准的重要窗口。例如，高铁调度系统的优化运行模式可提供给其他国家借鉴，移动支付在海外的拓展也促进了当地金融科技的现代化发展。这些背后的仪表盘设计与系统支持，体现了我国在智能制造、数据集成、用户体验等方面的综合优势，构成了具有世界影响力的“中国方案”。

在世界百年未有之大变局中，中国不仅是技术发展的积极参与者，更是全球科技治理的重要贡献者。仪表盘这一小小的窗口，映射出的是大国重器背后的体系化创新能力和持续推进高质量发展的战略思维。这种方案导向不仅服务于国内现代化建设，更为解决人类社会面临的共同挑战提供了可借鉴的样本。

因此，应更加珍视并深入理解仪表盘所体现的系统设计理念和国家科技战略之间的联系。从一个小小的界面布局出发，进一步增强自主创新意识，厚植家国情怀与责任担当，推动更多体现中国智慧、符合全球需求的技术方案不断涌现。唯有如此，才能在世界科技舞台上不断输出“可信赖、可推广、可持续”的中国方案，为构建人类命运共同体贡献力量。

5.3.3 【案例】电梯控制面板 ◆ 健康审美

5.3.3.1 仪表盘的垂直立面布置

仪表盘的垂直立面布置是指将仪表盘的指示器和显示器在垂直方向上排列，通常放置在一个竖直的面板或仪表板上。这种布置形式在某些场景下非常实用，特别是当有较多的仪表和指示器需要同时展示时。常见的应用场景有医疗设备，如监护仪和手术台，通常具有垂直立面布置的仪表盘；电梯内部的控制面板也通常采用垂直立面布置；还有大型商业楼宇中楼宇自动化系统、列车驾驶室、船舶驾驶舱等都采用的是垂直立面布置的仪表盘。

5.3.3.2 电梯控制面板

电梯内部的控制面板通常采用垂直立面布置，让乘客方便地选择所需的楼层。电梯内垂直立面布置的控制面板通常包括一列楼层按钮，供乘客选择需要前往的目标楼层，并且通常配备数字或文字显示屏，显示当前所处楼层、电梯运行状态以及已选中的楼层等信息，以便乘客随时了解电梯的运行情况。此外，控制面板上还有开关、报警按钮和紧急通话装置，以提供更多的功能和安全保障。

5.3.3.3 思政要点

在现代城市生活中，仪表盘作为人机交互的重要界面，其设计不仅关乎功能性，更深刻地影响着人们的审美体验和心理健康。以电梯内部控制面板的垂直立面布置为例，这种设计不仅便于乘客操作，更在无形中传递着一种简洁、有序的美学理念，对于培养公众的健康审美观具有重要意义。同时，数字或文字显示屏的实时更新，不仅提供了必要的信息，更以一种动态、直观的方式展现了现代科技的美感。这种设计不仅增强了乘客对电梯运行状态的了解，也让他们在使用过程中感受到科技带来的便捷与舒适，不仅提升了公共空间的整体美感，更在潜移默化中培养了公众对现代科技的审美认知与欣赏能力。此外，控制面板上的开关、报警按钮和紧急通话装置等安全设施，不仅体现了设计者对乘客安全的深切关怀，也以一种稳重、可靠的形象传递出了一种责任感与信任感。同时，我们也要认识到仪表盘作为公共空间的重要组成部分，其设计应当更加注重人性化与艺术性，以更好地满足人们的审美需求与心理期待。需要通过教育、宣传等多种途径，引导公众树立正确的审美观念，提升审美素养与鉴赏能力。

因此，应充分利用仪表盘等公共空间的设计，将健康审美观的培养融入其中，让人们在日常生活中不断受到美的熏陶与感染。同时，也要加强审美教育，提升公众的审美认知与鉴赏水平，让他们能够更好地欣赏与创造美，共同营造一个更加和谐、美好的社会氛围。只有这样，才能在快速发展的现代社会中，保持一颗平和、美好的心灵，共同追求更加美好的生活。

习题与思考题

5-1　简述显示器的定义及分类。

5-2　视觉显示器的设计包括哪些方面？

5-3　简述音响和报警装置的设计原则。

5-4　根据显示器设计的基本原则和设计要求，结合现代技术发展趋势，请试着为某高耗能钢铁企业设计“低视觉疲劳＋碳中和”双目标显示器系统。同时，针对显示技术难题，如何通过产学研协同创新构建显示器标准体系，践行科技强国战略？

6 控制器设计

【本章导语】

控制器设计是人机工程学的关键领域，涉及人、机、环境的协同优化。本章通过控制器类型解析、设计原则探讨及典型案例分析，引导读者培养科学精神与社会责任意识，强化安全至上的设计理念。

【学习目标】

❖ 掌握控制器设计的核心原则及人机适配性要求。

❖ 能运用辩证思维与科学精神，解决实际问题，并树立设计责任感。

6.1 控 制 器

6.1.1 概述

控制器是操作者用以控制机器运行状态的装置或部件，是联系人和机的重要部件之一。生产中的许多事故是因控制器的设计未能充分考虑人的因素所致。费茨（P. M. Fitts）和琼斯（R. E. Jones）1947年在分析飞行驾驶中出现的460个操作失误中，发现其中68%的错误是由于控制器设计不当引起的。这足以说明控制器设计的重要性。

6.1.1.1 控制器设计的一般原则

控制器设计的一般要求如下。

(1) 控制器设计要适应人体运动的特征，考虑操作者的人体尺寸和体力。

(2) 控制器操纵方向应与预期的功能方向和机器设备的被控制方向一致。

(3) 控制器要利于辨认和记忆。

(4) 尽量利用控制器的结构特点进行控制（如弹簧等）或借助操作者体位的重力（如脚踏开关）进行控制。

(5) 尽量设计多功能控制器，并把显示器与之有机结合，如带指示灯按钮等。

(6) 形状美观、式样新颖、结构简单。

设计控制器时应考虑的因素有以下5个方面：

(1) 控制信息的反馈：来自人体自身反馈信息的部位有眼睛观察，手脚的位移和手、臂、肩或脚、腿、臀感受的位移或压力信息。来自机反馈的信息有仪表显示、音响显示、振动变化及操纵阻力4种形式。

(2) 控制器的适宜用力：对于只求快而精度要求不太高的工作来说，操纵力应越小越好；如果操纵精度要求很高，则操纵器应具有一定的阻力。

(3) 控制器的运动：使控制器的操作方向应尽量与系统过程的变化方向相一致。

(4) 控制器上手或脚的使用部位的尺寸和结构。

（5）控制器的识别编码：编码（coding）是指特定信号的系统表示或符合定义规则的信号设定值。常用的操纵器编码方式有形状编码、大小编码、色彩编码、操作方法编码、位置编码、符号编码等。

6.1.1.2 控制器的设计

A 手动控制器设计

手动控制器包括旋钮、按钮、按键、扳动开关、杠杆、转轮、手柄和曲柄。其中，旋钮根据功能要求，可以旋转一圈、多圈或不满一圈，可以连续多次旋转，也可以定位旋转。按钮包括圆形按钮和矩形按钮，直径按成人手指端的尺寸和操作要求而定。圆形按钮直径 8～18 mm，矩形按钮 10 mm×10 mm、10 mm×15 mm 或 15 mm×15 mm 为宜。按钮阻力大拇指按钮可取 2.94～19.6 N，其他手指按钮可取 1.47～5.89 N。

B 脚动控制器的设计

脚动控制器按功能和运动机构分为直动式、往复式和回转式 3 种。一般脚踏板采用 14 N/cm^2 的阻力为好。当脚蹬用力小于 227 N 时，腿的屈折角应以 107°为宜；当大于 227 N 时，屈折角应以 130°为宜，用脚的前端进行操纵时，脚踏板上允许的用力不超过 60 N，用脚和腿同时操作时可达 1200 N。

6.1.2 【案例】温度控制器 ◆ 数字化发展

6.1.2.1 控制器设计参数

控制器的设计参数是指在设计控制系统时需要考虑和确定的一系列参数，这些参数直接影响了控制器的性能和工作效果。常见的控制器设计参数有控制器类型、精度、响应时间、输出类型、控制算法、稳定性、控制器增益、采样周期、死区、饱和限制、鲁棒性、采样周期和控制率、反馈机制等。控制器设计是一个综合性的过程，需要结合工程实践和科学理论来确保控制系统的稳定性和可靠性。综合考虑以上参数和方面，控制器设计师可以制定一个符合实际应用需求的控制策略，并通过实验验证来优化和改进控制系统的性能。

6.1.2.2 温度控制器

温度控制器是一种用于监测和调节温度的设备，通常用于各种工业、商业和家庭应用中。在温度控制系统中，控制器的设计参数可以决定加热元件（如加热器或冷却器）的输出来维持温度在期望设定点附近。温度控制器的设计参数包括以下几种：

（1）控制范围，温度控制器需要能够覆盖的温度范围；

（2）精度，控制器的温度测量和调节精度，通常以摄氏度或华氏度为单位；

（3）输出类型，电压信号、电流信号、模拟信号或数字信号等；

（4）控制算法，温度控制器的控制算法，如比例控制、积分控制和微分控制（PID 控制）的组合；

（5）传感器类型，用于测量温度的传感器类型，如热敏电阻、热电偶或红外线传感器；

（6）响应时间，控制器对温度变化的响应时间，通常以秒为单位；

（7）增益参数、积分时间和微分时间的选择可以影响系统的响应速度和稳定性，例如，高积分时间可以消除持续的温度偏差，而较小的微分时间可以抑制温度的快速波动。

6.1.2.3 思政要点

在数字化浪潮席卷全球的今天，控制器作为连接物理世界与数字世界的桥梁，其设计参数的优化不仅关乎技术层面的进步，更深刻地影响着社会经济的发展与人民生活品质的提升。从温度控制器的设计参数中，可以窥见数字化发展对于控制器设计带来的深刻变革，以及这一变革对于培养创新思维、推动产业升级、促进社会可持续发展等方面的重要意义。数字化技术的发展，使得控制器的设计参数更加精细化、智能化。控制范围、精度、输出类型等参数的设定，不再仅仅依赖于传统的机械式调节，而是可以通过软件编程实现更加灵活、精准的控制。这种转变不仅提高了控制系统的效率与稳定性，更为用户提供了更加个性化、定制化的服务体验。

数字化发展还推动了控制器设计参数的跨界融合与创新。在传感器类型方面，随着物联网、大数据等技术的兴起，传统的热敏电阻、热电偶等传感器逐渐被更加智能、高效的传感器所取代，如红外线传感器等。这些新型传感器不仅提高了温度测量的精度与速度，还实现了对环境温度的实时监测与预警，为工业、商业、家用等领域的安全生产与生活提供了有力保障。然而，数字化发展也带来了新的挑战。随着控制器设计参数的日益复杂化，如何确保系统的稳定性与安全性，如何避免信息泄露与网络安全风险，成为亟待解决的问题。这要求我们在追求技术创新的同时，也要注重技术的伦理与社会责任，加强相关法律法规的制定与执行，保障用户的数据安全与隐私权益。

所以，应充分认识到数字化发展对于控制器设计参数的深刻影响，积极拥抱新技术，推动控制器设计的智能化、网络化、安全化发展。同时，也要加强跨学科、跨领域的合作与交流，共同探索控制器设计的新理念、新方法，为产业升级与可持续发展贡献力量。此外，还要加强科普教育，提高公众对于数字化技术的认知与理解，营造全社会共同关注、支持数字化发展的良好氛围。只有这样，才能在数字化发展的浪潮中乘风破浪，共创美好未来。

6.1.3 【案例】电子式控制器 ◆ 学术自信

6.1.3.1 控制器涉及的应用

控制器是人机交互的重要媒介，用于操作者控制机器的运行状态，是现代设备不可或缺的组成部分。它的主要功能是将操作者的指令准确地传递给机器，并反馈设备的运行信息，确保设备高效、安全地完成工作。根据设计原理和功能，控制器可分为机械式、电气式和电子式等类型。机械式控制器结构简单，操作直接，通过机械部件实现控制信号的传递，适合应用于环境要求苛刻或技术条件有限的场合，如传统工业设备和基础机械中。电气式控制器则依靠电路系统控制机器的运行，常用于需要更高精度和响应速度的场景，如机床和电梯控制。而电子式控制器是现代设备的核心，广泛应用于工业自动化、医疗设备和智能家居等领域，其优势在于操作灵活、精度高且具备数据处理功能。这 3 种类型的控制器各有特点，适用于不同的设备和操作需求，选择时需要辩证分析其优缺点以及具体应用场景的要求。

6.1.3.2 电子式控制器在国内企业和设备中的应用举例

在工业制造领域，控制器的应用尤为关键。例如，汇川技术在其自动化流水线中使用了先进的电子式控制器。这些控制器通过触摸屏和编程界面，允许操作者灵活地调整生产线的速度、产品规格和工艺流程，实时监控设备状态，并能在异常情况下自动报警，有效提高了生产效率和安全性。在医疗设备方面，联影医疗的磁共振成像系统也展现出控制器技术的精密与智能。其操作控制器采用电气式与电子式相结合的方式，既保留了传统按钮和旋钮的稳定性与手感，便于医生进行精确操作，又通过数字显示屏实时呈现清晰的成像数据，使医生能够迅速获取诊断信息，为临床决策提供强有力的技术支持。

6.1.3.3 思政要点

在科技日新月异的今天，控制器的类型选择不仅关乎技术应用的成效，更深刻地反映了一个国家在科技领域的学术自信与创新实力。从汇川技术的电子式控制器到联影医疗磁共振成像设备的电气式与电子式结合控制器，这些实例不仅展示了控制器技术的多样性与灵活性，更彰显了我国在工业制造、医疗设备等领域取得的显著成就与学术自信。学术自信，源于对本土科技创新能力的深刻认同与自豪。在控制器类型选择的过程中，我国科研工作者与技术人员秉持着开放包容、自主创新的精神，既借鉴国际先进经验，又紧密结合本土需求，不断探索适合自身发展的技术路径。这种自信不仅体现在对控制器技术的熟练掌握与灵活应用上，更体现在对新技术、新理念的敏锐洞察与积极拥抱上。正是有了这份自信，才能够在国际竞争中立于不败之地，不断推动科技进步与产业升级。

同时，学术自信也促使在控制器类型选择时更加注重实用性与创新性。在博世公司的自动化流水线中，电子式控制器的应用不仅提高了生产效率与安全性，更通过触摸屏与编程界面实现了生产线的灵活调整与实时监控，展现了科技创新对于提升制造业竞争力的关键作用。然而，学术自信并非盲目自大，而是在充分了解自身实力与国际趋势的基础上，保持一种谦逊、开放的学习态度。在控制器技术的发展过程中，既要看到自身的优势与成就，也要正视存在的不足与挑战。只有不断加强国际合作与交流，积极引进与消化吸收国际先进技术，才能够在激烈的国际竞争中保持领先地位，不断推动技术的创新与发展。

为此，应充分利用学术自信这一宝贵财富，不断激发科技创新的内生动力，推动控制器技术的持续进步与广泛应用。同时，也要加强科普教育与人才培养，提高公众对于科技创新的认知与理解，营造全社会共同关注、支持科技创新的良好氛围。只有这样，才能够在科技兴国的道路上越走越远，为实现中华民族伟大复兴的中国梦贡献更多智慧与力量。

6.2 方向盘设计

6.2.1 设计原则

在方向盘设计中，有方向盘平面间的夹角 α、方向盘的直径 D 和方向盘的构造 3 个问题，夹角的大小取决于不同车型驾驶员的位置，直径的大小取决于司机施力的舒适性限度。

6.2.1.1 α、D 的取值范围

对于卡车及公共汽车，α 角可取 $15° \sim 30°$，D 值可取 400 mm 左右。这也是一般车辆的取值范围。对于大型载重车辆，需要较大的操作力矩，为了施力的需要，可将方向盘的 α 值取到接近 $0°$，直径 D 可取 $450 \sim 500$ mm。对于小卧车、小卡车等，因司机座椅较低，

方向盘的操纵力也较小，α可取45°~60°，D值取350~400 mm。

6.2.1.2　方向盘的构造

手握轮缘截面为圆形，直径为19~28 mm，轮辐截面为椭圆形。重型车辆的驾驶盘为便于用力，常在轮缘下部作出波浪形，其节距为19 mm左右。汽车方向盘最大转角为120°，这样可以保证在急转弯时，驾驶员能双手握住方向盘而不必倒手。汽车方向盘与车轮转动角度的比值可取1.5~3.0。为驾驶中省力，同时也为车辆自动保持直线前进，转向机构应设有自动归复到保持直线前进位置的复位装置。有些小型车辆设计了可调整方向盘角度的结构，方向盘立柱的倾角可调，一般可调范围在15°以内。调整方向盘的角度：一是为了应不同体形驾驶员的舒适度需要；二是为了使方向盘不遮挡观察仪表的视线。

6.2.1.3　安全设施

发生撞车事故时方向盘对司机最为危险，方向盘的安全设计涉及以下方面：

（1）轮缘外层应用软体材料，驾驶部位的仪表及台面均应较软的包敷材料；

（2）立柱应低于手轮平面，以免撞车时插到司机的胸部，对于高速汽车则需要低得多一些；

（3）高级轿车在方向盘中央设置了一个空气袋，平时折合在立柱顶端的一个圆盆中，一旦汽车发生碰撞使汽车骤然停止时气袋就会自动充气，以保护司机的面部和胸部，同时还应保证快速排气，及时排气，以免造成司机窒息。

6.2.2　【案例】比亚迪汉系列方向盘 ◆ 辩证思维

6.2.2.1　方向盘的设计

方向盘是汽车驾驶员用来控制车辆转向的重要组件。其设计旨在提供良好的操控性、舒适性和安全性，以便驾驶员能够准确地控制车辆的方向和姿态。方向盘设计的关键要素有形状和轮廓、握把材质、握把轮廓设计、多功能按键和控制、气囊和安全性、调节功能、反馈机制、舒适性和减震、视觉设计等。方向盘的设计是整体驾驶体验中的重要环节，不仅影响驾驶的安全性和舒适性，还与汽车的品牌形象和驾驶员对汽车的感知有着密切的关系。方向盘的设计还需要平衡多种因素，以确保驾驶员能够轻松、准确地控制车辆，并提供愉悦的驾驶体验。

6.2.2.2　比亚迪汉系列方向盘

方向盘作为驾驶者与车辆的关键交互部件，其设计对驾驶体验和操控性影响重大。以比亚迪汉系列车型为例，其采用双辐悬浮式设计，表面采用红黑配色的头层小牛皮包裹，提供了出色的握持感，有效缓解驾驶疲劳。在功能布局上，左侧按键区集成自适应巡航、车道偏离预警等智能驾驶系统控制键，右侧则专注于多媒体播放、蓝牙电话等功能，操作便捷，让驾驶者双手无须离开方向盘即可完成常用操作，提升驾驶专注度与安全性。此外，方向盘底部的辅助驾驶系统具备强大的算法学习功能，能够为驾驶者提供更智能、个性化的驾驶辅助。

6.2.2.3　思政要点

方向盘，作为驾驶者与车辆之间的核心交互界面，其设计不仅承载着驾驶操控性的重任，更深刻地映射出驾驶体验、品牌形象乃至汽车文化等多维度的考量。比亚迪汉系列方向盘的材质工艺、多功能集成以及智能驾驶辅助系统的应用，体现了设计者对驾驶乐趣与舒适性的追求。然而，在这一系列巧妙设计背后，更蕴含着深刻的辩证思维，即在追求驾驶性能与便捷操作的同时，如何兼顾安全性、人性化与可持续性，实现技术与人文的有机融合。首先，从驾驶操控性与驾驶体验的角度来看，比亚迪汉系列的方向盘通过形状设计与材质选择，为驾驶者提供了良好的握持感与操控反馈，帮助驾驶者有效地传递操控意图，提升驾驶的沉浸感与乐趣。然后，多功能集成的设计，让驾驶者在享受驾驶的同时，也能更好地操控车辆各项功能，实现了便捷性与实用性的双重提升。

同时，辩证思维提醒人们，任何设计都不能脱离安全性这一基石。方向盘作为驾驶过程中的关键控制部件，其设计必须严格遵循安全标准，确保在紧急情况下能够迅速响应驾驶者的指令，有效避免事故的发生。此外，随着智能驾驶辅助系统的普及，方向盘的设计还需考虑如何与这些系统无缝对接，确保驾驶者在享受科技便利的同时，也能随时保持对车辆的主动控制，维护行车安全。在人性化设计方面，方向盘的尺寸、形状、材质乃至布局，都应充分考虑不同驾驶者的身体特征与驾驶习惯，力求为每一位驾驶者提供量身定制般的舒适体验。

因此，应该深刻认识到，方向盘的设计不仅是技术与艺术的展现，更是对驾驶文化、安全理念与人文关怀的深刻诠释。在未来的设计中，应秉持辩证思维，既追求极致的操控性与便捷性，又不忘安全性的根本，同时注重人性化与可持续性的考量，努力实现技术与人文的完美融合。

6.2.3 【案例】红旗 H7 方向盘 ◆ 科学精神

6.2.3.1 方向盘的应用

方向盘是汽车操控的核心部件，其设计与分类直接关系到驾驶安全性和舒适性。根据结构和功能，方向盘可分为机械式、电子式和多功能方向盘。机械式方向盘主要通过机械连接实现转向，结构简单且可靠性高；电子式方向盘通过电信号控制转向，具备更高的响应速度和灵活性，但依赖电控系统；多功能方向盘集成了音量调节、电话接听等多种功能，提升了驾驶体验。科学精神要求我们在分析方向盘分类时，不仅要关注其技术特性，还要结合实际需求和发展趋势进行客观评价。

6.2.3.2 红旗 H7 方向盘

红旗 H7 的方向盘设计充分体现了对驾驶安全与便捷性的双重考量。其采用液压助力转向系统，相比电动助力，能为驾驶者提供更直接的路面反馈，在高速行驶时转向阻尼感增强，确保车辆行驶稳定性；低速行驶时转向力度变轻，便于在狭窄路段操控，兼顾不同驾驶场景需求。在智能交互层面，方向盘集成了红外触控技术，无须按压即可唤醒功能预览界面，降低盲操作失误率。同时，方向盘与车辆的智能驾驶辅助系统深度联动，例如在开启自适应巡航后，通过方向盘左侧按键可快速调整跟车距离与车速，配合车道保持功能，实现更轻松的长途驾驶。此外，方向盘还具备加热功能，在寒冷环境中可快速升温，有效提升驾驶舒适性。

6.2.3.3 方向盘的设计在应用实例中的重要性

科学精神，作为人类探索未知、追求真理的永恒动力，其光芒不仅照亮了科技发展的道路，也深刻地影响着个人素质的提升与社会文明的进步。在方向盘的分类与设计中，科学精神不仅体现在技术的革新与功能的优化上，更在于它激发了我们对安全、技术与生命价值的深刻思考。方向盘作为驾驶者与车辆之间的关键接口，其设计不仅关乎驾驶的便捷性与舒适性，更直接关联到行车安全这一至关重要的命题。从传统圆形方向盘到异形方向盘的创新，每一次设计的演变都凝聚着设计师们对安全性的不懈追求与对驾驶体验的深度挖掘。在科学精神的指引下，不仅要关注方向盘设计的创新性与实用性，更要加强对安全性的重视。

科学精神还鼓励勇于创新，敢于挑战传统。在方向盘的设计领域，这种创新精神不仅推动了技术的不断突破，更激发了对未来驾驶体验的无限遐想。然而，创新并非无的放矢，它必须建立在对安全性的深刻理解与严格把控之上。因此，在追求创新的同时，必须坚守安全的底线，确保每一项创新都能为人类社会的安全与可持续发展贡献力量。此外，科学精神还提醒我们，个人素质的提升是一个持续不断的过程。在这个过程中，需要不断学习新知识、掌握新技能，以适应不断变化的社会需求与科技发展。方向盘设计的演变，正是科技进步与社会发展的一个缩影。它告诉人们，只有不断学习、不断进步，才能在激烈的市场竞争中立于不败之地，成为推动社会进步的重要力量。

通过对方向盘设计与应用的学习，应该意识到，科学精神不仅是推动科技发展的动力源泉，更是个人素质提升与社会文明进步的重要支撑。在未来的日子里，我们应继续秉承科学精神，加强对安全性的重视，提升对技术的认知与操作能力，培养对生命的责任感。同时，也应积极拥抱创新，勇于挑战传统，不断推动个人素质与社会文明的全面发展。

6.3 显示器与控制器的配置设计

6.3.1 概述

6.3.1.1 控制器的类型与选择

(1) 按操纵的动力装置分类，控制器分为3类：

1) 手控装置，如按钮、开关、旋钮、曲柄、杠杆及手轮；

2) 脚控装置，如脚踏板、脚踏钮、膝控制器等；

3) 其他，如声控、光控。

(2) 按控制器的功能分类，控制器分为4类：

1) 开关控制器，用于简单的开或关，启动或停止的操纵控制。常用的有按钮、踏板、手柄等；

2) 转换控制装置，用于系统当中不同状态之间的转换操纵控制，如手柄、选择开关、转换开关、操纵盘；

3) 调整控制装置，用于调整系统中工作参数定量增加或减少的操纵控制，如旋钮、手轮、操纵盘等；

4) 紧急停车控制装置，用于紧急状态下启动或停止的操纵控制，如制动闸、操纵杆、手柄。

(3) 按手动操纵器按操控运动的轨迹，控制器分为3类：

1）旋转式操纵器，如旋钮、摇柄、十字把手、手轮（转向盘）等；

2）移动式操纵器，如操纵杆、手柄、推扳开关等；

3）按压式操纵器，如按钮、按键等。

6.3.1.2 显示器与控制器的配置设计

在显示装置-人-控制装置这个链条中，人的能力是最关键的参数。如果显示变化得过快，操作者无力接受，就无法做出判断，机器将处于失控状态。假如控制器过于粗略，无法用手进行精确调节，机器也将失控。反之如果显示器与控制器匹配得十分恰当，不但能提高操作效率，提高机械运行的可靠性，而且能降低操作人员的负荷，减少疲劳，提高工作效率，即达到人-机的最佳联系。

6.3.2 【案例】灯光刺激实验 ◆ 学习热情

6.3.2.1 显示器与控制器的配置原则

（1）空间及逻辑位置一致性，指显示器与控制器在空间相互位置关系的一致性。

（2）运动一致性，一是仪表指针（当表盘为固定时）或者表盘（当指针固定时）运动的方向与控制器操纵运动方向的一致；二是运动方向所表示的增或减与观念上对增或减理解的一致。

（3）概念一致性，编码的意义要与其作用一致，除此之外还要考虑控制—显示移动比率设计以及避免操作对显示的干扰。

（4）避免操作对显示的干扰，干扰包括在操纵控制器时肢体遮挡了某些显示器以及显示器受控制器的照明灯光干扰。

6.3.2.2 灯光刺激反应实验

1976年，韦尔福德（Welford）用8个灯光刺激做反应实验，第一种方案是在每个灯下面装置该灯的控制按钮，第二种方案是将按钮作无规则排列。试验结果是第二种方案的反应时间显著增长。产生这种差别的原因就在于两种情况下灯光与控制的逻辑位置一致与否，这种不一致就导致在选定控制器前须将灯光的逻辑顺序翻译成控制器的逻辑顺序，因而花费了大脑转换信息的时间。显示器与控制器逻辑位置不一致的第二个后果，是对人员训练的困难和训练时间的加长，这既是一种经济损失，又是一种浪费人力的社会损失。显示器与控制器逻辑位置不一致的第三个后果是失误率增高，特别是在紧急情况下，既要急忙操作，又不确定所操作的控制器是否正确，有时甚至会发生反向操纵的情况，应增加的反而旋向减少。

6.3.2.3 思政要点

在信息化与数字化快速发展的时代背景下，显示器与控制器的配置原则不仅关乎技术本身的进步与应用，更深刻地影响着人们对待学习的态度与热情。从对待学习的热情这一独特视角出发，可以发现，显示器与控制器的优化配置，为学习者的认知过程与情感体验搭建了一座桥梁，让知识的传递更加高效、直观且充满乐趣。首先，显示器作为信息呈现的主要界面，其清晰度、色彩还原度以及界面设计的友好性，直接影响着学习者的视觉体验与信息吸收效率。文字、图像、视频等多媒体信息的准确传达能使学习者在浏览学习材料时一目了然，减少认知负荷，从而激发他们持续学习的热情。其次，控制器的设计同样至关重要。一个符合人体工程学、操作简便且响应灵敏的控制器，能够让学习者在操作过程中感到得心应手，减少操作失误，提高学习效率。

显示器与控制器的优化配置原则，也倡导了一种以人为本、注重体验的教育理念。它要求我们在设计学习工具时，不仅要关注技术的先进性，更要关注学习者的实际需求与情感体验。此外，显示器与控制器的优化配置原则还体现了创新精神与实践能力。在快速变化的信息时代，只有不断创新，才能跟上时代的步伐，满足多元化需求。而实践能力则是将理念转化为实际行动的关键，在显示器与控制器的设计与应用中，要敢于尝试新技术、新方法，还要通过实践不断检验与优化，确保技术的有效性与实用性。要深刻认识到，显示器与控制器的优化配置原则，不仅关乎技术本身的发展，更关乎学习者对待学习的态度与热情。

综上所述，应以此为契机，进一步加强思政教育与实践的结合，树立正确的价值观与学习观，培养批判性思维与解决问题的能力。通过显示器与控制器的优化配置，营造一个更加高效、直观且充满乐趣的学习环境，让学习者在享受技术带来的便利的同时，不断提升自我，实现全面发展。

6.3.3 【案例】安全评价 ◆ 锲而不舍精神

6.3.3.1 日常设备及安全评价

日常设备及安全评价是指对各种日常使用的设备（如家用电器、办公设备、交通工具等）在设计、生产和使用过程中，进行相关的安全性评估和评价，以确保设备在正常使用及意外情况下的安全性和可靠性。安全评价包括设备设计安全性评价、制造工艺安全性评价、使用安全性评价、事故应急处理评价等。对于日常设备的安全评价，需要从工程技术、人机工程学、安全规范等多个方面进行综合评估，以确保设备的安全性和可靠性。这样的评价工作有助于保障人们的生命财产安全，提升设备的质量与可靠性，同时也有助于促进相关行业的健康发展。

6.3.3.2 电水壶的安全评价

日常设备的安全评价主要包括设计评估、材料和制造质量评估、电气安全评估、功能性评估、使用安全评估、环境适应性评估、人体工程学、安全测试、安全标志和警示评估等。对电水壶进行安全评价需要考虑的内容有结构和材料、电气安全、机械安全、人体工程学和使用环境适应性。(1) 电水壶应采用耐高温的材料，如不锈钢或高温耐受的塑料；(2) 材料不应含有有害物质；(3) 电水壶必须具备自动断电功能，以防止水烧干导致火灾；(4) 电水壶需要有漏电保护装置，防止触电风险；(5) 水壶的手柄和开盖机构应稳固，防止烫伤和意外开盖；(6) 手柄的设计应符合人体工程学原则，便于握持和倾倒水壶；(7) 电水壶的电线应有足够的长度，以适应不同厨房布局。

6.3.3.3 思政要点

在日常生活与工作中，人们离不开各式各样的设备，从家用电器到办公工具，从交通工具到通信设备，它们构成了现代生活的基石。然而，随着设备的多样化与复杂化，其安全性问题也日益凸显。在这一背景下，锲而不舍的执着精神在日常设备安全评价中显得尤为重要，它不仅是确保设备安全运行的基石，更是面对挑战、追求卓越的内在动力。这要求需始终保持高度的警惕与严谨的态度，不放过任何一个潜在的安全隐患。锲而不舍的执着精神还体现在对设备安全评价方法的不断创新与优化上。随着科技的进步与设备的更新迭代，传统的安全评价方法可能已无法适应新的安全需求。因此，需要不断探索新的评价手段与技术，如大数据分析、人工智能等，以提高评价的准确性与效率。

锲而不舍的执着精神在日常设备安全评价中的体现，实际上是在弘扬一种勇于担当、追求卓越的精神风貌。面对困难与挑战时，不仅要敢于迎难而上，更要善于寻找解决问题的方法与途径。这种精神风貌旨在培养我们的责任感与使命感，激发我们的创造力与执行力。此外，锲而不舍的执着精神还体现了自我完善与持续改进的理念。在日常设备安全评价中，不仅要关注设备本身的安全性，更要关注评价过程的科学性与有效性。通过不断地实践与反思，可以发现评价过程中的不足与问题，进而进行改进与优化。这种自我完善与持续改进的精神，不仅有助于提升设备安全评价的质量与水平，也为个人的成长与进步提供了源源不断的动力。

总而言之，应认识到锲而不舍地执着精神在日常设备安全评价中的重要性，同时应继续秉承这种精神，不断加强对设备安全评价标准的研究与探索，创新评价方法与技术，提升评价的准确性与效率。同时，也应关注评价过程的科学性与有效性，为构建一个更加安全、可靠的生活与工作环境贡献力量。

习题与思考题

6-1 简述控制器设计的一般原则。

6-2 按操纵的动力装置分类，控制器分为哪3类？

6-3 控制器的设计不仅需要考虑操作者的舒适性和便利性，还要确保其在紧急情况下的响应速度和安全性。以自动驾驶技术发展中的控制器设计为切入点，如何通过冗余控制、紧急接管机制等技术创新体现习近平总书记提出的“人民至上、生命至上”理念？

7 作业环境设计

【本章导语】

作业环境是生产活动中人与机器交互的重要场所。本章通过光环境、有害因素及温度环境等内容，结合案例剖析环境要素对安全与效率的影响，引导读者理解人与环境的相互联系，树立可持续发展的理念。

【学习目标】

- ❖ 掌握作业环境要素的设计原则与相关标准，理解其对安全与健康的影响。
- ❖ 能识别作业环境中的有害因素，掌握防控技术及职业病预防策略。
- ❖ 分析温度环境的生理效应与管理措施，并培养安全发展观与生命价值观。

7.1 作业环境

7.1.1 概述

7.1.1.1 光环境

合适的光环境是保持人们正常、稳定的生理、心理和精神状态，提高工作效率，减少差错和事故的必要条件。早期人机学的光环境研究主要是生产劳动作业场所的光环境，后来则关注到了各种工作和生活的室内空间光环境。室内光环境由天然采光和人工照明两部分组成，分别简称为采光和照明。以下是常用的光环境术语及其定义。

光通量（luminous flux）：从光源辐射出来、能引起人眼视觉的光能量辐射速率（单位时间内从光源辐射出来，能引起人眼视觉的光辐射能）。

发光强度（luminous intensity）：光源在给定方向的发光强度，用在该方向的单位立体角内发出的光通量表示。发光强度的单位是坎德拉（cd，candela），简称坎。

亮度（luminance）：单位面积光源表面上（在给定方向上）的发光强度。亮度的单位是坎［德拉］每平方米，cd/m^2。

照度（illuminance，illumination）：（在被光源照射的面上）投射在单位面积上的光通量。照度的单位是勒克斯（lx，lux），简称勒。

7.1.1.2 照明对工效的影响

增加照明并非总是与劳动生产率的增长成正相关。照度提高到一定限度，可能引起目眩，从而对工作效率产生消极影响。研究表明，随着照度增加到临界水平，工作效率便迅速得到提高；在临界水平上，工作效率平稳，超过这个水平，增加照明度对工作效率变化很小，甚至会加重视疲劳，使工作效率下滑。

7.1.1.3 光环境设计的一般原则

（1）依据具体情况设定适宜的平均照度水平和照度均匀度，不宜过高或过低，基本要求是给空间以适当的明亮感，利于安全，便于活动，但不造成过强光刺激。

（2）有利于将注意力集中在工作区上，即工作区的照度应比非工作区照度高，以形成适当的差别和对比。

（3）光线的照射方向和扩散要合理，既避免产生干扰阴影，又顾及形成必要的柔和的阴影，以增强设施、器物的立体感。

（4）避免光线直接照射人眼，以防眩光晃眼。

（5）光源应具有适宜的“显色性”。一般的生活与工作环境下，要求能显示各种设施、器物的颜色特性，有利于保护眼睛的视觉和人们的心理健康。

（6）根据环境要求，选择适宜的地面、墙面和器物的颜色，以增强清洁明快感。还可通过光色、亮度、照度、投射方向、透光遮光、折射漫射等因素，设计适当的环境氛围，有利于身心健康和愉悦的工作情绪。

（7）重视节约能源，减少消耗，降低成本。推广使用节能灯具在这方面具有更现实的意义。

7.1.1.4 工作场所照明设计内容

作业环境中的照明一般有3种形式，即天然采光、人工照明、混合采光。利用自然界的天然光源，解决作业场所照明的叫天然采光；利用人工制造的光源来解决作业场所照明的称为人工照明。当天然光源和人工光源合用时则谓之混合采光。考虑到节省能源以及人们习惯太阳光谱，所以应考虑最大限度地使用天然采光。将工作场所布置成一个合理的照明场地后，将会提高工作的速度和精确度，增加产量，保证质量，保障安全。

7.1.2 【案例】工作场所照明 ◆ 审美素养

7.1.2.1 工作场所照明设计

良好的照明可以创造一个视觉环境，使人能够看见物体，安全地走动，能有效、精确、安全地完成视觉作业而不引起视觉疲劳和不舒适。照明可以用自然光和电光源，也可以二者结合。良好的照明要求同等关注照明的质量和数量，尽管在作业面上提供足够照度是必需的，但很多时候可见度还取决于光线是如何分布的，以及光源与被照面的颜色特性和照明系统的眩光水平。工作场所照明设计是为了提供适合工作环境的光线和照明条件，以满足员工的视觉需求和工作效率。

7.1.2.2 工作场所照明设计内容与原则

工作场所照明设计的主要内容如下。

（1）任务分析和需求确认：开展对工作场所的任务分析，了解不同区域的功能和使用需求。

（2）照明强度和亮度计算：根据不同区域的任务要求和工作活动，计算需要的照明强度和亮度。可以基于人眼适应性和舒适性来决定。

（3）照明平衡与均匀性：确保整个工作区域的照明均匀，避免出现过亮或过暗的区域，以减少眼睛疲劳和视觉疲劳。

（4）色温和色彩：较高的色温可能适用于需要较高注意力和集中精神的任务，而较低的色温可能适用于需要较为轻松的工作环境。

(5) 防眩光设计：避免灯具产生明显的眩光，通过合理的灯具选择和布局来减少眩光对员工视觉的干扰。

(6) 紧急照明和疏散照明：为了应对紧急情况，如断电或火警，必须设置紧急照明和疏散照明系统，确保员工在紧急情况下可以迅速安全地撤离。

(7) 符合法规标准：照明设计必须符合当地相关法规和标准，保障员工的安全与健康。

7.1.2.3 思政要点

工作场所的照明设计不仅是技术问题，更是关乎员工身心健康、工作效率以及审美体验的重要课题。从提高审美能力的角度出发，照明设计应超越单纯的功能性需求，融入人文关怀与美学价值，从而在潜移默化中塑造积极向上的工作氛围和健康的生活方式。照明设计是提高审美能力的重要实践。通过技术性与艺术性的结合，合理的光线设计不仅能减少视觉疲劳、提高工作效率，还能通过色温、亮度和分布的协调优化空间美感。例如，采用自然光模拟技术，将色温调节为接近日光，既能提升员工的专注力，又能通过柔和光影传递“自然和谐”的视觉语言。这种设计既满足功能性需求，又为员工提供了感知美学、提升审美素养的日常场景。中华传统文化中强调“天人合一”，注重人与环境的和谐共生。现代照明设计可以借鉴这一理念，将自然元素融入工作环境。例如，在办公区域设置可调节亮度的 LED 灯带，模拟日出日落的自然光线变化，既符合人体生物节律，又通过动态光影展现科技与传统的融合美学。

照明设计同时也是社会责任的具体实践。企业作为社会的重要组成部分，有责任为员工创造健康、安全的工作环境。例如，在长时间使用电脑的办公区域，采用防蓝光照明设备，减少对眼睛的伤害；在需要精细操作的车间，确保照明均匀无阴影，避免因光线不足导致的操作失误。这些细节既体现了企业对员工的关怀，也通过技术应用传递了实用性与审美价值并重的设计理念。

为此，应深刻认识到，工作场所的照明设计不仅是技术问题，更是关乎员工身心健康、企业文化建设和社会可持续发展的重要课题。将提高审美能力融入工作场所的每一个细节，用光与影的艺术点亮幸福生活，用科学与人文的结合推动企业的高质量发展，用责任与担当书写社会进步的崭新篇章。

7.1.3 【案例】沥青罐爆炸事故 ◆ 安全发展观念

7.1.3.1 事故案例

某石化工厂的一个容积为 2000 m^3 的 2 号沥青罐突然发生爆炸燃烧，事故当日天气晴，有时多云，阵风 5 ~6 级，最大风力 8 级。2 号沥青罐为固定顶罐，罐顶透光孔直径开启约三分之二。事故前两天，根据调度人员的安排，操作工将生产出的 80 号沥青注入已装有 72 m^3 90 号沥青的 2 号沥青罐，28 h 后，停止进沥青，此时罐中液位 3.4 m。在停止进沥青后约 14 h，2 号罐突然发生爆炸，造成罐顶约二分之一破损，顶圈板不同程度变形。

7.1.3.2 事故原因分析

(1) 罐内有爆炸性混合气体，强风加速了混合气体的形成。80 号沥青的丙烷含量为

1.08%，在注入罐内的28 h中约可放出5.4 m^3的丙烷。同时，高温（190 ℃）的沥青仍有一定量的油气蒸发。该罐在停注入沥青后的14 h静态下，由于罐内温度降低，吸收了一部分较重的油气，导致罐内压力降低，在大风天气下空气侵入，罐透光孔的敞开加速了罐内气体的流动，有助于混合性气体的形成。

（2）储罐接地不良，导致静电放电。当沥青注入储罐时产生静电荷，静电荷积累产生电场。由于沥青导电率较低，静电集聚后释放较慢，加之该罐只有一处接地，而且在旋梯底脚处，因此使集聚在液面上的静电很难得到及时释放，导致静电火花引爆以丙烷为主的爆炸性混合气体。

7.1.3.3 思政要点

在工业生产领域，每一次安全事故的发生都是对安全发展观念的严峻考验。从沥青罐爆炸燃烧事故中，不仅看到了物质因素和技术层面的失误，更应深刻反思安全发展观念在作业环境中的缺失。安全发展观念，强调的是预防为主、综合治理的安全理念，要求在作业环境的每一个细节中都融入安全意识，将安全视为生产活动的先决条件。然而，在事故案例中，可以看到，无论是通风条件的不足、物资管理的混乱，还是监控预警机制的失效，都反映出安全发展观念在作业环境中的淡薄。这种淡薄，首先体现在对安全风险的漠视上。在追求生产效率和经济效益的同时，往往忽视了作业环境中潜在的安全隐患，未能将安全视为同等重要的考量因素。其次，它体现在安全管理的粗放上。缺乏有效的安全管理制度和操作规程，或者即便有制度也未能严格执行，导致安全管理流于形式，无法真正发挥作用。最后，它还体现在安全文化的缺失上。没有形成全员参与、共同维护安全的文化氛围，员工缺乏安全意识和自我保护能力，难以形成有效的安全防线。因此，强化安全发展观念，不仅要在物质和技术层面进行改进，更要在观念层面进行深刻反思和变革。需要树立"安全第一、预防为主"的核心理念，将安全视为生产活动的生命线，任何生产活动都不能以牺牲安全为代价。

因此，应该认识到强化安全发展观念是预防与减少安全事故的根本途径。在日常工作中，不仅要严格遵守安全操作规程，更要时刻保持警惕，增强安全意识与风险意识。同时，企业也应加强安全管理制度的建设与执行，完善监控与预警机制，为员工提供一个安全、可靠的工作环境。强化安全发展观念是人们共同的责任与使命，只有当每个人都将安全视为生命、将安全发展视为企业发展的基石时，才能真正构建起一个安全、稳定、和谐的生产环境。

7.2 作业环境有害因素

7.2.1 概述

作业环境有害因素分布在30余个行业，以煤炭、冶金、建材、有色金属、机械、化工等最为突出。作业环境有害因素可以划分为三大类，其中化学性因素包括生产性粉尘和生产性毒物，统称为"尘毒危害"；物理性因素种类较多，以温度、噪声与振动为主；生物性因素作一般性了解即可。除了这种划分外，国家卫生健康委员会同人力资源和社会保障部等部门发布的《职业病分类和目录》中也涉及不同的划分方式，可供读者参考学习。

7.2.1.1 生产性粉尘和生产性毒物

A 生产性粉尘

生产性粉尘是在生产过程中产生的能较长时间浮游在空气中的固体微粒。在矿山开采、凿岩、爆破、运输、矿石粉碎、筛分、配料、冶炼过程中均可有大量粉尘外逸。长期吸入生产性粉尘可引起呼吸系统的各种疾病，如尘肺、粉尘性支气管炎、肺炎、鼻炎等。粉尘对人体的危害程度取决于其化学成分和浓度。粉尘中游离二氧化硅含量越高，对人体危害越大。同一种粉尘，浓度越高，对人体危害越严重。另外粉尘对人体的危害还与其被粉碎的程度即分散度有关。

B 生产性毒物

生产性毒物是指在生产中使用和产生的，并在作业时以较少的量经呼吸道、皮肤、口进入人体，与人体发生化学作用，而对健康产生危害的物质。凡少量化学物质进入人体后，与人体组织发生化学或物理化学作用，并在一定条件下破坏机体的正常生理机能，致使某些器官或组织发生暂时或永久性病变，这些物质称为化学毒物，在生产过程中使用或产生的毒物称为生产性毒物。作业人员可能接触到的生产性毒物类型很多，取决于实际生产条件（接触生产性毒物的行业和工种）。常见的生产性毒物有：氮氧化物、硫化氢、一氧化碳等窒息性气体；氟、氯、溴、二氧化硫等刺激性气体；正已烷、苯、三氯乙烯、二氯乙烷等有机溶剂；铅、汞、砷等金属毒物和类金属毒物。毒物引起中毒是有条件的，与机体健康状态、毒物的性质和剂量，以及作用方式、接触时间等都有关系。

7.2.1.2 温度

高温作业指工业企业和服务行业工作地点具有生产性热源，其气温等于或高于本地区夏季室外通风设计计算温度 2 ℃的作业（含夏季通风室外计算温度不小于 30 ℃地区的露天作业）。客观标准的舒适温度是生理学和医学上认为于人体最适宜的温度：工作时为 19 ~21 ℃。休息时为 25 ~29 ℃。标准温度为（21 ±3）℃。

高温可使作业工人感到热、头晕、心慌、烦、渴、无力疲倦等不适感，可出现一系列生理功能的改变，主要表现在：体温升高，大量水盐丧失，可引起水盐代谢平衡紊乱，导致体内酸碱平衡和渗透压失调；循环系统方面，心律脉搏加快，皮肤血管扩张及血管紧张度增加；消化系统方面，消化道贫血，唾液、胃液分泌减少，胃蠕动减慢，造成消化不良和其他胃肠道疾病增加；神经系统可出现中枢神经系统抑制，动作的准确性和协调性及反应速度的降低等。

7.2.1.3 噪声

噪声的控制方法有：（1）控制声源，如降低机械噪声、降低空气动力性噪声；（2）控制噪声的传播，如全面考虑工厂的总体布局、调整声源指向、利用天然地形、采用吸声材料和吸声结构、采用隔声和声屏装置；（3）加强个体防护；（4）调整班次，增加休息次数，轮换作业等；（5）广泛进行安全教育，使职工了解噪声的危害和防治的意义，并了解和掌握如何防止噪声的方法；（6）音乐调节。

7.2.2 【案例】振动导致的事故 ◆ 人生观与价值观

7.2.2.1 事故案例

2014年7月30日，在俄罗斯西伯利亚地区，马加丹矿业公司的一名工人在操作高频钻机时，因设备长期振动导致部件松动，钻机突然失控，直接砸中工人的胸部，造成严重的肋骨骨折和内出血，最终因抢救无效身亡。事后调查发现，设备长期运行未进行定期保养，松动的部件未被及时发现，而工人也未配备有效的防振手套和防护设备。该事故反映出振动对设备和工人双重的危害，直接导致了悲剧的发生。

7.2.2.2 事故原因分析

振动在工业作业中引发事故的原因主要包括以下几点：首先，设备本身长期处于高振动状态会导致机械部件松动甚至失效，加大设备故障的概率；其次，高振动环境对人体的影响包括神经损伤和振动性白指病，这会削弱工人对设备的掌控力；最后，企业在设备监控与维护方面的管理缺失，例如，缺乏定期检测振动问题的措施以及未为工人提供必要的防护装备，也直接增加了事故发生的风险。这一案例中，设备故障、工人体力与注意力的下降共同作用，最终导致事故的发生。

7.2.2.3 思政要点

在人们的工作生活中，每一次生产事故都是对生命安全的严重威胁，更是对社会和谐与稳定的潜在破坏。上述事故案例中，不仅揭示了振动对设备和工人的双重危害，更深刻地提醒人们，建立健康的人生观与价值观，对于预防生产事故、保障生命安全具有至关重要的意义。从人生观的角度来看，每个人都应珍视自己的生命与健康，将安全视为生命之基。在生产作业中，面对潜在的振动危害，不能抱有侥幸心理，更不能因为一时的疏忽或懒惰而忽视安全措施。正如那位不幸的工人，如果他能更加重视个人安全防护，如果企业能够建立健全的安全管理制度并严格执行，或许这场悲剧就能避免。因此，必须树立“安全第一”的观念，将生命安全放在首位，时刻警醒自己，做到防患于未然。

同时，从价值观的角度来看，企业和社会也应承担起应有的责任，将安全生产视为社会责任之要。企业不仅要追求经济效益，更要注重员工的生命安全和身体健康。这意味着，企业应加强设备维护与安全检查，及时发现并消除潜在的安全隐患。同时还应为员工提供必要的劳动保护用品和安全培训，提高他们的安全意识和自我保护能力。此外，建立健康的人生观与价值观还意味着要培养积极向上的生活态度和工作习惯。在日常生活中，应注重锻炼身体，增强体质，提高自己对各种危害因素的抵抗力。在工作上，应严格遵守安全操作规程，不违章作业，不冒险蛮干。同时，还应积极学习安全知识，提高自己的安全素养和应急处理能力。

所以，应深刻认识到，生命无价，安全为先。在生产和生活中，必须时刻警醒自己，将安全放在首位，树立健康的人生观与价值观。企业和社会也应承担起应有的责任，共同营造一个安全、和谐的生产生活环境。只有这样，才能有效地预防生产事故，保障每一个人的生命安全与身体健康，推动社会的持续健康发展。

7.2.3 【案例】职业病 ◆ 安全防范意识

7.2.3.1 职业病

《中华人民共和国职业病防治法》将职业病定义为“企业、事业单位和个体经济组织等用人单位的劳动者在职业活动中，因接触粉尘、放射性物质和其他有毒、有害因素而引起的疾病”。国家卫生健康委员会、人力资源和社会保障部、国家疾控局、中华全国总工会联合组织对职业病的分类和目录进行了调整。新版《职业病分类和目录》由原有的10大类132种职业病增加到12大类135种职业病，大致分为职业性尘肺病及其他呼吸系统疾病、职业性皮肤病、职业性眼病、职业性耳鼻喉口腔疾病、职业性化学中毒、物理因素所致职业病、职业性放射性疾病、职业性传染病、职业性肿瘤、职业性肌肉骨骼疾病、职业性精神和行为障碍、其他职业病。

7.2.3.2 职业病事故案例

某公司主要从事工艺包装盒、塑料制品、木制工艺品制造及加工，使用的胶水黏合剂中存在苯、甲苯、二甲苯等职业病危害因素，但未向卫生行政部门申报产生职业危害的项目。并且，对于接触职业病危害因素的职工，该公司未按规定为其配备符合职业病防护要求的个人防护用品，仅提供了普通的纱布口罩。该市疾控中心对该公司车间空气中职业危害因素进行检测得出，该公司生产车间空气中苯、甲苯等物质的浓度均不符合国家职业卫生标准。该公司而后对全厂职工进行了两次在岗期间的职业健康检查，但是未安排接触职业病危害因素的职工进行上岗前体检。王某某等5名职工被诊断为苯中毒，另有4名职工列为观察对象。

7.2.3.3 思政要点

从职业病分类可以看出不同行业和职业中存在的不同职业病风险。每种职业病都与特定的工作环境和职业有关。职业病通常是可预防的，因此在可能有职业病风险的工作场所工作的员工应该提高自身的安全防范意识，预防职业病的发生。通过提高安全防范意识，员工可以更加警觉地注意潜在的危险和风险，并采取相应的预防措施来防止事故和伤害发生。这有助于减少职业病的发生率；安全防范意识的提高也会促使员工积极学习和了解与自身工作相关的职业健康知识。他们可以了解有关职业病的危害、暴露途径、防护措施等信息，从而更好地保护自己免受潜在的职业病危害。另外，通过安全防范意识的提高，员工可以更早地察觉和报告潜在的职业病症状，以便进行及时的检测、诊断和治疗。这有助于提高职业病的早期发现率，并降低其对员工健康的不良影响。

提高安全防范意识是预防和管理职业病的重要环节。它能够使员工对职业病的危害有更深刻的认识，并采取积极的行动来保护自己和他人的健康。同时，组织和雇主也应该提供必要的培训和教育，以提高员工的安全意识和职业健康素养。预防和管理职业病需要采取适当的措施，包括职业卫生监测、个人防护、工作场所改善以及员工健康教育和培训等。而预防和管理职业病的关键是通过合适的安全措施和个人防护来减少对有害物质的暴露，并定期进行健康监测和检查，更好地去面对这些潜在的健康威胁。

总而言之，应该从自我做起，将安全防范意识融入日常工作中。应深入了解自己所从事职业可能带来的健康风险，主动学习相关的职业病预防知识，掌握必要的防护措施。应时刻保持警惕，注意观察工作环境中的潜在危害，一旦发现异常情况，应立即采取措施进行应对。还要增强安全防范意识，掌握必要的预防知识，积极参与职业健康监护，共同营造一个安全、健康的工作环境。

7.3 温度环境对作业人员的影响

7.3.1 人体散热

7.3.1.1 人体散热的概念

人体与环境之间的热量交换，虽然从理论上说应该是双向的，但实际上环境里的热量流向人体只发生在特殊的条件下，在人体环境间热量交换中占主导的，是人体里的热量向环境逸散，简称人体散热或散热。人在热环境里的舒适感、健康、安全、工作效率等问题都与人体散热的情况有关。

7.3.1.2 人体散热的方式

（1）辐射：人体表面时时在向外辐射出波长较长的红外线，其散热速度与人体环境间的温度差及人体体表面积两个因素有关。

（2）传导：当人体接触低于体温的物体时，热量向外传导。但由于人体表层和衣服都是非良导体，通常情况下传导在人体散热中占的比例不大。

（3）对流：一般指人体将热量传给（温度较低的）空气，空气流动将热量带走，如此循环继续。对流的速度取决于体温气温差及气流速度两个因素。在空气温度达到 34.5 ℃ 以上时，人体散热的对流过程基本终止。

（4）蒸发：可分为无感蒸发和发汗两种。无感蒸发指体液中的水分直接透出皮肤和呼吸道黏膜表面，在未形成水滴前就蒸发掉的蒸发形式。发汗也叫“可感蒸发”。

7.3.2 【案例】温度环境评价 ◆ 大无畏牺牲精神

7.3.2.1 温度环境概述

环境温度是表示环境冷热程度的物理量，而热环境条件就是通常说的气候条件；室内热环境也就是室内的微小气候环境。热环境的 5 个基本评价参量是：空气温度、空气的相对湿度、湿球温度、黑球温度（即平均热辐射温度）和空气流速。也有人采用生理指标来评价温度环境，包括以下 6 个方面。（1）体温。体温为评价高温环境和预测机体蓄热程度的常用指标。（2）皮温。皮温能综合反映热接触者的冷、热、舒适和灼痛的感觉程度，以及环境温度舒适的范围。（3）平均体温。平均体温 = 0.7 肛温 + 0.3 平均皮温。它包括了体温和皮温，相比单独使用其中任意一个指标，它能更好地评价热环境。（4）心率。心率是反映机体心血管系统负荷的最敏感指标。（5）出汗量。当气温超过 35 ℃，维持机体热平衡完全依赖蒸发散热途径，散热蒸发主要是通过皮肤出汗蒸发，故常用来评价热环境。（6）其他常用指标。

7.3.2.2 航空活动中温度环境的测量指标与方法

温度环境中的气温、湿度、风速和辐射等因素，紧密联系，互相制约，故不能仅利用某一单一因素对其影响进行评价。用于评价航空环境热负荷强度的指数，既要反映航空环境热负荷特点，又要容易被航空军医和部队指挥员所掌握，必须符合以下4个基本条件：（1）应当表示气温、湿度、风速、热辐射4个气象因素的综合作用强度；（2）可用小型、简单装置或单一仪器检测，使用方便；（3）指数应当用单一数值表示，一目了然；（4）容易做出行与否的判断。在航空卫生工作中常用的综合性评价指标有：（1）湿黑球温度指数（WBGT）；（2）战斗机热负荷指数（FITS）；（3）有效温度（ET）和校正有效温度，有效温度是根据对温度环境因素的主观感觉而制定的以人的温热感觉为基础的综合评价指标。

7.3.2.3 思政要点

在人类历史的长河中，无数英勇无畏的先驱者在极端温度环境下，以他们的坚韧与牺牲，书写了壮丽的篇章。这些故事不仅是对人类极限的挑战，更是对大无畏牺牲精神的深刻诠释。在红军长征的雪山草地征途中，红军战士们面临着前所未有的挑战。他们不仅要翻越海拔数千米、终年积雪的雪山，还要穿越人迹罕至、沼泽遍布的草地。在极端严寒和酷热的交替考验下，红军战士们展现出了惊人的毅力和大无畏的牺牲精神。他们穿着单薄的衣物，在刺骨的寒风中艰难前行；他们忍受着饥饿和疲惫，在酷热的阳光下坚持战斗。正是这种精神，支撑着他们完成了人类历史上罕见的远征，使长征成为20世纪影响人类历史进程的重大事件。

在现代社会，极端温度环境同样考验着人们的意志和勇气。在抗击新冠疫情的战役中，无数医护人员和志愿者在酷热或严寒的天气中坚守岗位，为抗击疫情贡献自己的力量。他们穿着厚重的防护服，在闷热的病房里连续工作数小时，甚至数日；他们冒着严寒，在社区和交通卡口进行体温检测和排查工作。他们的付出和牺牲，不仅为疫情防控提供了有力保障，更彰显了新时代的大无畏牺牲精神。在科研领域，极端温度环境下的研究同样需要科研人员的勇气和牺牲精神。在极寒的南极和北极地区，科研人员需要忍受刺骨的寒冷和孤独，进行长期的科学考察和研究。他们不仅要面对恶劣的自然环境，还要克服设备故障、食物短缺等困难。然而，正是他们的坚持和牺牲，为人们揭示了地球气候变化的奥秘，为人类的可持续发展提供了宝贵的科学依据。这些案例都深刻体现了大无畏牺牲精神在极端温度环境下的重要性和价值。

综上所述，大无畏牺牲精神不仅是对个人意志和勇气的考验，更是对集体利益和人类共同命运的担当。它激励着人们在面对困难和挑战时，要勇于担当、敢于牺牲，为集体和人类的共同利益而奋斗。应深刻认识到大无畏牺牲精神在当今社会的重要性和价值。无论是在抗击疫情的战役中，还是在科研探索的道路上，都需要这种精神的指引和支撑。要学习红军战士的英勇无畏和医护人员的无私奉献，将他们的精神内化为自己的动力源泉。同时，也要积极传播和弘扬这种精神，让更多的人了解和认同它，共同为构建更加和谐、美好的社会贡献自己的力量。

7.3.3 【案例】热环境作业事故 ◆ 人与自然

7.3.3.1 事故案例

2018年2月9日23时10分，某钢铁公司7号高炉发生了一起高温作业事故。由于高炉风口处温度过高，小套穿漏喷溅，导致高温液体喷射到现场作业人员身上，1人当场死亡，3人重度烧伤。事后调查显示，事故发生的直接原因是设备老化未及时更换，高温环境下操作工人过于疲劳，未能快速撤离危险区域。该事故共造成142.91万元的经济损失。

7.3.3.2 事故原因分析

高温作业环境下事故的原因可以归结为3个方面：一是高温对人体生理和心理的双重影响，长期暴露在高温环境下会导致工人中暑、疲劳，反应能力下降，增加误操作的风险；二是高温对设备和材料的性能影响，如设备老化、材料变形，容易引发故障；三是管理不到位，企业未按要求进行设备维护，未配备充足的降温设施或采取合理的工时安排，进一步加剧了事故风险。这一事故中，高温对工人和设备的双重威胁是造成悲剧的关键。

7.3.3.3 思政要点

在探讨人类劳动生产与自然环境的互动关系中，热环境作为影响作业安全的重要因素，其和谐性不仅关乎生产效率，更直接关联到劳动者的生命安全与社会的稳定发展。以该高炉高温作业事故为例，这起悲剧不仅是一次生产安全事故，更是对人与自然和谐共生理念的一次深刻反思。在高温作业环境中，人体的生理机能易受到严重影响，如体温调节失衡、汗液蒸发加快导致体液大量流失、心血管系统负担加重等，这些都极大地增加了作业人员的操作失误率和应急反应迟钝的风险。因此，确保作业环境的安全适宜，不仅是技术层面的要求，更是对劳动者生命尊严的尊重与维护。

事故中暴露出的设备老化未及时更换问题，反映了企业对安全生产投入不足，对自然环境的适应与改造能力存在短板。追求经济效益的同时，必须兼顾生态安全与人文关怀，实现经济发展与自然环境的和谐共生。同时，高温环境下操作工人的过度疲劳，也凸显了劳动保护措施的缺失与劳动强度的失衡，提醒我们必须建立健全的劳动保护机制，保障劳动者的基本权益。从更深的角度去分析，此类事故促使我们思考人与自然的关系，即如何在尊重自然规律的基础上，通过科技创新与管理优化，构建更加安全、高效、可持续的生产模式。这要求我们在生产过程中，不仅要关注生产效率的提升，更要注重生态环境的保护与劳动者健康权益的维护，实现经济效益、社会效益与环境效益的统一。

为此，应深刻吸取此类事故的教训，将和谐共生的理念贯穿于生产实践的全过程。这意味着，政府、企业与劳动者三方需共同努力，政府应加强监管，推动企业落实安全生产主体责任；企业要加大安全投入，既升级设备维护技术，又完善劳动保护制度；劳动者自身也应增强安全意识，提高自我保护能力，共同营造一个安全、健康、和谐的生产环境。以此为契机，推动全社会形成尊重自然、顺应自然、保护自然的共，让每一次生产活动都成为人与自然和谐共生的实践，为实现可持续发展的美好愿景贡献力量。

习题与思考题

7-1 简述光通量和发光强度的定义。

7-2 简述作业环境有害因素。

7-3 粉尘对人体的危害程度取决于什么？

7-4 简述人体散热的方式。

7-5 在设计一个车间或办公空间的照明系统时，如何平衡照明的质量和数量，以既满足工作效率要求，又能减少视觉疲劳？结合“美丽中国”建设和“双碳”目标，以某新能源汽车电池生产车间为场景，试论述如何通过照明系统设计实现“以人为本”与“绿色发展”的有机统一。

7-6 在高温作业环境中，作业人员的生理和心理状态会受到多方面的影响。结合有关的高温作业案例，分析如何通过《中华人民共和国安全生产法》修订强化高温作业的“三同时”制度，构建中国特色职业健康保障体系？

8 工作台椅与工具设计

【本章导语】

工作台椅、工具与控制台的设计是安全人机工程学的关键实践领域。本章通过人体工学原则解析与案例分析，探讨如何通过科学设计保障操作健康、提升作业效率，引导读者增强创新意识与社会责任感。

【学习目标】

❖ 掌握工作台椅、手握式工具及控制台的人机工程学设计原则。

❖ 理解不良设计对人体健康的危害。

❖ 树立以人民健康为核心、兼顾技术创新与可持续发展的设计理念。

8.1 工作台椅的设计

8.1.1 设计原则

坐姿改变了以脚支撑全身的状况，有利于发挥脚的作用。当然，坐姿不正确，座椅设计不合理，会给身体带来严重损害。所以座椅设计要充分考虑对人的生理影响，设计时应遵循以下一般原则：

（1）座椅应给操作人员在操作时提供身体支撑；

（2）座椅的尺寸要适当，其高度和位置可以调整到适合各种身材的人使用，使操作人员工作顺利；

（3）座椅应能够适当地支撑住身体，以避免不良的姿势，同时身体的重量能够均衡地分布在椅面上；

（4）在不影响手的个别动作时，座椅应有扶手，同时也有脚踏板，使座椅到脚停止位置的距离较好。

工作座椅设计的主要依据有坐姿生理学、坐姿生物力学、股骨受力分析、椎间盘受力分析等。常用的坐姿人体测量尺寸如图 8-1 所示。

根据当前国内工作座椅设计现状，考虑安全人机工程学的要求，推荐座椅尺寸设计如下。

（1）座面的高度：按我国人体尺寸座面高度可取为 380 ~ 450 mm。座椅最好设计成高度可调，以适应不同身材的操作者需要，调节范围为工作台下 240 ~ 300 mm。

（2）坐深：正确的设计应使臀部得到全面的支撑，腰部得到靠背的支撑，座面前缘与小腿间留有适当距离，保证小腿可自由活动。坐深应按 350 ~ 400 mm 选取。

（3）座宽：座宽应满足臀部就座所需要的尺度，使人能自如地调整坐姿。一般可取 400 ~ 500 mm。

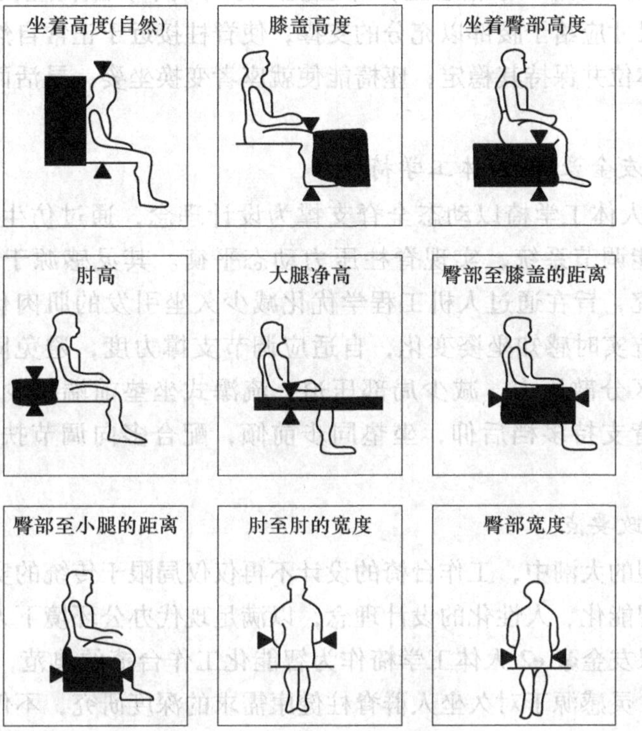

图 8-1 常用的坐姿人体测量尺寸

（4）座面倾角：因为工作时身体前倾，若倾角过大，会因为身体前倾而使脊椎拉直，破坏正常的腰椎曲线，所以座椅面倾角一般小于 3°。

（5）靠背与座面夹角：靠背与座面夹角若小于 90°，则腹部受压迫；夹角太大会降低人的警觉状态。一般可取 95°~105°。

（6）坐垫高度：一般坐垫的高度为 25 mm。太软太高的坐垫，易造成身体不稳，反易产生疲劳。

（7）扶手高度：扶手不宜太高，以免引起肩膀酸痛。休息扶手高度一般取 200~230 mm，两扶手的间距可取 500~600 mm，运输工具中两扶手间距可取 400~500 mm。

（8）靠背的高与宽：靠背的最大高度可达 480~630 mm，最大宽度 350~480 mm。支撑腰部以下的骶骨部分能增加舒适感，靠背下沿与座面之间最好留有一定的空间（70~80 mm 以上），以容纳向后挤出的臀部肌肉。靠背的横截面可以是一个半径大于 1000 mm 的圆弧。

8.1.2 【案例】保友金豪 e2 人体工学椅 ◆ 智能化转型

8.1.2.1 工作台椅的设计原则

目前，大多数办公室人员、脑力劳动者、部分体力劳动者都采用坐姿工作，因而工作座椅设计和相关的坐姿分析也成为人机工程学工作者和设计师们关注的研究课题。座椅设计应符合人的生理特性，以使人感到舒适为前提条件。工作座椅设计的基本原则有：座椅尺寸应与就座者人体测量尺寸相适宜，并应使尺寸可调节；座椅应使就座者保持舒适坐姿。靠背结构和尺寸应给予腰部以充分的支撑，使脊柱接近于正常自然弯曲状态；座椅应能支持就座者的体位并保持其稳定；座椅能使就座者变换坐姿，灵活而平衡地进行体态自动调节等。

8.1.2.2 保友金豪 e2 人体工学椅

保友金豪 e2 人体工学椅以动态全脊支撑为设计理念，通过仿生学原理模拟人体自然曲线，结合智能调节系统，实现脊柱压力动态平衡。其灵感源于对久坐人群脊柱健康需求的深度研究，旨在通过人机工程学优化减少久坐引发的肌肉代偿与椎间盘压力。椅背动态腰托系统实时感知坐姿变化，自适应调节支撑力度，避免固定分区支撑盲区；双向编织网布分区分散压力，减少局部压迫，流瀑式坐垫前端减少坐骨压力，适配亚洲体型特征。椅背支持多档后仰，坐垫同步前倾，配合多向调节扶手，适配伏案、后仰等场景。

8.1.2.3 思政要点

在智能化转型的大潮中，工作台椅的设计不再仅仅局限于传统的实用性与美观性，而是更多地融入了智能化、人性化的设计理念，以满足现代办公环境下人们对于健康、舒适与高效的需求。保友金豪 e2 人体工学椅作为智能化工作台椅的典范，其设计理念以动态全脊支撑为核心，灵感源于对久坐人群脊柱健康需求的深度研究，不仅展现了仿生科学与工程技术的结合，更深刻体现了人体工程学在智能化家具设计中的应用价值。智能化转型推动了工作台椅设计向更加个性化、智能化的方向发展。保友金豪 e2 通过椅背动态腰托系统实现实时感知与自适应支撑，这一设计不仅体现了对个体坐姿变化的关注，更展现了科技在提升用户体验方面的巨大潜力。设计应以人为本，充分考虑人的需求与差异，通过智能化手段实现个性化服务，从而提升人们的幸福感与满意度。

智能化工作台椅的设计原则强调了对人体工程学的深度应用。保友金豪 e2 人体工学椅通过仿生曲线与多分区支撑结构有效缓解肌肉代偿与椎间盘压力，流瀑式坐垫和多向调节扶手协同适配多场景坐姿，充分展现了人体工程学在设计中的重要性。这不仅是对人体生理结构的科学认知，更是对劳动者健康权益的深切关怀。这要求我们在设计与生产过程中，必须始终坚持以人为本的原则，将保障劳动者健康放在首位，通过科技创新实现更加人性化、健康化的产品设计。智能化转型下的工作台椅设计还体现了对可持续发展的追求。保友金豪 e2 采用环保材料，兼顾功能与环保效益，这不仅是对自然环境的尊重，更是对未来世代负责的表现。通过智能化手段实现资源的高效利用与环境的友好保护，推动构建人与自然和谐共生的美好家园。

因此，应深刻认识到，智能化转型下的工作台椅设计不仅是科技进步的体现，更是人文关怀与生态责任的彰显。在未来的设计与生产过程中，应始终坚持以人为本的设计理念，将智能化、人性化与环保理念深度融合，推动工作台椅设计向更加科学、健康、高效、可持续的方向发展。同时，也应积极倡导绿色消费观念，鼓励消费者选择智能化、环保型的工作台椅产品，共同推动构建更加健康、舒适、高效的办公环境，为实现人与自然和谐共生的美好愿景贡献力量。

8.1.3 【案例】“椅子病”◆ 人民健康

8.1.3.1 工作台椅设计不良对人体造成的影响

工作台椅设计不良可能对人体造成多种负面影响，主要包括以下几个方面。

（1）由于姿势不正确导致肌肉和骨骼的紧张和压力，增加颈部、背部、肩膀和臂部的疲劳和不适感。

（2）脊柱问题。当工作台椅缺乏足够的支撑和调整性时，用户的脊柱可能会受到不必要的应力，导致脊柱失去正常曲度，出现脊椎间盘问题、腰痛和坐骨神经痛等问题。

（3）循环系统问题。不良的工作台椅设计可能限制血液循环，尤其是在四肢和下半身区域。缺乏足够的坐垫支持、座位边缘过于锐利或压迫腿部血管等问题都可能导致血流受阻，增加深静脉血栓形成的风险。

8.1.3.2 办公室中的“椅子病”

瑞典的 A. C. Mandal 曾发表文章“The seated man（Homo Sedens）the seated work position”中的摘要有提及：“现在，背痛的问题正在世界各地普遍地增加，最合理的解释就是采取了不正确的工作姿势，这是因为目前许多现代办公家具，都是在不了解坐着办公的人其生理需要的情况下制造出来的。”根据美国学者的调查显示，美国每年有超过 40 万人因为长时间坐着工作而患上了“椅子病”。造成的伤害主要包括两个方面：血栓和脊椎下半部的病痛。久坐，尤其是坐在设计不良的座椅上，会抑制血液循环，压迫血管系统，促使静脉中生成血凝块，造成血栓。现代的办公人员由于长时间地坐着工作，下半身的肌肉缺少运动，再加以不良的坐椅阻碍了血液由上半身流向脚部，使得血栓病成为现代办公人员的一种职业性危机。

8.1.3.3 思政要点

在探讨增进人民健康的议题时，工作台椅的设计问题不容忽视。正如 A. C. Mandal 医生所指出的，不正确的工作姿势与现代办公家具设计的不合理性，正成为全球范围内背痛问题普遍增加的重要原因。美国学者的调查更是揭示了一个严峻的事实：每年有数十万人因长时间坐着工作而患上“椅子病”，这一现象不仅揭示了办公家具设计上的缺陷，更凸显了其对人民健康造成的深远影响。工作台椅设计不良对人体健康的影响，不仅仅是一个简单的工学问题，而是关乎社会公平、人民福祉与和谐发展的重大议题。设计不良的座椅，不仅无法提供足够的支撑与舒适度，反而可能加剧人体的疲劳与损伤，这不仅影响了个人的工作效率与生活质量，更可能因长期的病痛而引发心理困扰，甚至导致更严重的健康问题。

工作台椅设计不良还反映了设计者对人民健康需求的忽视与漠视。在追求经济效益与快速生产的同时，往往忽略了产品对人体健康的潜在影响。这种短视行为不仅违背了以人为本的设计理念，更与构建健康中国、增进人民福祉的目标背道而驰。因此，必须深刻反思并纠正这一错误倾向，将人民健康放在首位。在智能化、人性化的设计趋势下，通过科技手段与工学原理的结合，可以设计出更加符合人体生理需求、更加健康舒适的工作台椅。这要求设计者不仅要具备扎实的专业知识，更要具备深厚的人文关怀，将人民健康作为设计的出发点与落脚点。同时，政府与企业也应加强监管与引导，推动办公家具行业的健康发展。

综上所述，应深刻认识到，增进人民健康是社会主义现代化建设的根本目的之一。在设计与生产过程中，必须始终坚持以人为本的原则，将人民健康放在首位，通过科技创新与人文关怀的结合，推动工作台椅设计的不断优化与升级。同时，也应积极倡导健康的工作方式，鼓励人们在工作之余进行适当的运动与休息，共同营造一个健康、舒适、高效的工作环境。

8.2 手握式工具设计

8.2.1 设计原则

为了保证实用效率和健康，工具必须满足以下基本要求：有效地实现预定的功能；与操作者身体成适当比例；使操作者发挥最大效率；按照作业者的力度和作业能力来设计；适当考虑性别、训练程度和身体素质上的差异；工具要求的作业姿势不能引起疲劳。

设计手握式工具时，应遵循以下一般设计原则：

（1）必须有效地实现预定的功能。

（2）必须与操作者身体成适当比例，使操作者发挥最大效率。

（3）适当考虑性别、训练程度和身体素质的差异。

（4）作业姿势不能引起过度疲劳。

从解剖学的角度分析，手握式工具的设计应充分考虑以下因素：

（1）避免静肌负荷。当使用工具时，臂部必须上举或长时间抓握，会使肩，臂及手部肌肉处于静态施力，导致疲劳，降低作业效率。

（2）保持手腕处于顺直状态。手腕顺直操作时，腕处于正中的放松状态，但当手腕处于掌屈，背屈，尺偏等别扭的状态时，就会产生腕部酸痛，握力减小。

（3）避免掌部组织受压力。好把手应具有较大接触面，使压力能分布于较大的手掌面积上，减小应力；或者使压力作用于不太敏感的区域，如拇指与食指之间的虎口位。如没有特殊的作用，最好不留指槽，因人体尺寸不同，不合适的指槽会造成某些操作者手指局部的应力集中。

（4）避免手指重复动作。如果反复用食指操作扳机式控制器时，就会导致扳机指（狭窄性腱鞘炎），气动的工具或触发式电动工具时常会出现。设计时应尽量避免食指做这类动作，而以拇指或指压板代替。

在把手设计中，其直径有：通常着力抓握 30 ~ 40 mm，精密抓握 8 ~ 16 mm；一般合适的长度为 100 ~ 125 mm；形状应视用途而定；弯角最佳为 10°左右。

8.2.2 【案例】解剖学因素 ◆ 客观理性思维

8.2.2.1 手握式工具的演变与进步

传统工具以手动为主，如扳手、钳子、螺丝刀等，依赖人力完成紧固、切割、测量等基础作业，其局限性在于效率低且功能单一。随着电力技术革新，电动工具逐渐取代传统工具，电钻、电动螺丝刀等通过电机驱动大幅提升效率，锂电池技术更增强了便携性。现代工具进一步融合智能化，如智能扳手实时监测扭矩，激光导航替代传统墨斗划线，实现精准自动化作业。而在工艺方面，碳纤维、钛合金等新材料减轻工具重量并增强耐用性，3D 打印加速定制化设计，日本锻刀工艺结合现代热处理技术便是典范。人体工学设计优化握持体验，环保材料减少生产能耗，体现可持续发展理念。从杠刨到电动刨床、手工锻刀到智能磨刀器的演变，既保留了传统工艺精髓，又通过动力革新、材料升级与智能化推动工具行业向高效、精准、绿色方向发展。

8.2.2.2　解剖学因素

良好手工具的设计，应建立在手部基本功能的理解之上。人手是由骨、动脉、神经、韧带和肌腱等组成的复杂结构，由于腕关节本身的结构缘故，手掌只能做二轴的运动。在垂直面上，为掌屈和背屈；在水平面上，则为尺偏和桡偏。背屈动作角度可达 75°～80°，掌屈动作则可达 85°～90°；尺偏动作可达 35°～37°，桡偏动作则可达 15°～20°。并且手掌不宜承受过大的压力，施加的压力过大，会对手掌上的肌肉造成伤害，容易引起擦伤、麻木或手指的轻微刺痛。

8.2.2.3　思政要点

在手握式工具的设计中需要调动设计者思维中的客观理性的一面，手握式工具的设计首先关注的是实现特定功能的要求，设计师根据工具的用途和操作需求，精确地确定工具的形状、尺寸、材料以及附加功能等方面的参数。这种客观理性的思维保证了工具能够有效地完成预期任务，并在满足设计原则和符合解剖学因素的条件下提供卓越的性能。手握式工具的设计也需要考虑到人体结构和运动特点，以提供舒适和安全的使用体验。通过合理地握持曲线、符合手部解剖学的形状和尺寸，设计师确保用户可以自然地握持和操作工具，减少疲劳和受伤的风险，使得工具的使用更加人性化。

手握式工具的设计还需要考虑选择合适的材料以满足使用环境和工作要求，根据工具的用途和功能，优先选择耐用、强度高且易于加工的材料。这种选择需要基于科学和经验，以确保工具具有合适的质量和寿命。手握式工具的设计还应重视用户的安全，设计师应该考虑到潜在的危险因素，并采取相应的措施来减少事故和伤害的发生，如防滑设计、安全扣钮、保护罩等，客观理性的思维能够确保工具的使用不会给用户带来威胁。总之，手握式工具的设计需要客观理性的思维，注重实现功能需求、人体工程学、材料选择和安全性等方面的要求，使得工具能够高效、舒适、安全地完成任务，提供用户满意的使用体验。

所以，应以客观理性的思维，深刻认识到设计一般原则与解剖学因素在产品设计中的重要性。设计一般原则是产品成功的基础，而解剖学因素则是设计得以落地的关键。两者相辅相成，共同决定了产品的实用性与用户体验。我们应始终坚持“以人为本”的设计理念，将人体工程学与设计原则紧密结合，确保产品不仅美观，更符合人体自然状态，减少使用中的疲劳与损伤，为推进建设一个人民健康的和谐社会。

8.2.3 【案例】设计不当 ◆ 全心全意为人民服务

8.2.3.1　设计不良造成的累积性损伤与预防

在使用手握式工具工作时，通常局部施力于工作手臂，从手、腕、前臂、上臂、肩至头部。使用设计不当的手握式工具会导致多种上肢职业病甚至全身性伤害，这些症状如腱鞘炎、腕道综合征、腱炎和网球肘等，一般统称为重复性累积损伤病症。上述累积性损伤，其形成原因都是由于不适当压迫上肢软性组织所导致。这些组织包括肌腱、韧带、神经与血管等。由于这些伤害多半是经年累月重复的微小伤害所累积而成的，所以很容易被人们所忽视，等到发现病痛时，往往已成为较为难治愈的永久性伤害。这些累积性损伤可以通过人机工程的方式加以预防以及补救，如降低手腕振动或施力的频率、使用正确的姿势、使用适当的工具等。

综上所述，在工具设计时要充分考虑人机工程学原则，使手部及手臂在最舒适的状态下进行工作，降低累积性损伤的发生。

8.2.3.2 由使用设计不当的手握式工具引起的疾病及原因分析

腱鞘炎是由初次使用或过久使用设计不良的工具引起的。如果工具设计不恰当，引起尺偏和腕外转动作，会增加发病机会，重复性动作和冲击震动则会使之加剧。腕道综合征（腕隧道症候群）是一种由于腕道内正中神经损伤所引起的不适。手腕的过度屈曲或伸展造成腕道内腱鞘发炎、肿大，从而压迫正中神经，使正中神经受损。网球肘是一种肘部组织炎症，由手腕的过度桡偏引起。尤其是当桡偏与掌内转和背屈状态同时出现时，肘部桡骨头与肱骨小头之间压力增加，导致网球肘。狭窄性腱鞘炎（俗称扳机指），是由手指反复弯曲动作引起的。在类似扳机动作的操作中，食指或其他手指的顶部指骨须克服阻力弯曲，而中部或根部指骨这时还没有弯曲。腱在鞘中滑动进入弯曲状态的位置时，施加的过量力在腱上压出一个沟槽。当预伸直手指时，伸肌不能起作用，而必须向外将它扳直，此时一般会发出响声。

8.2.3.3 思政要点

全心全意为人民服务，是中国共产党的根本宗旨，也是一切工作的出发点和落脚点。习近平总书记强调，把保障人民健康放在优先发展的战略位置。职业健康防护正是这一理念在具体领域的体现。我国通过修订完善《中华人民共和国职业病防治法》、实施《“健康中国2030”规划纲要》等，构建起“预防为主、科技赋能、全民参与”的治理体系，手握式工具存在设计不当的有关问题也得到了有效解决。例如，通过推行符合人体工程学的设计标准，将工具握柄弧度与手腕自然屈曲角度精确匹配，有效降低了腕道综合征发病率；创新研发智能握力反馈系统，实时监测操作者施力状态，预防过度使用损伤。这深刻体现了“发展为了人民”的价值追求——当每一把扳手都承载着对劳动尊严的守护，每一项设计标准都体现着对生命健康的敬畏，便是对“全心全意为人民服务”最有力的时代注解。

所以，应该牢记全心全意为人民服务的宗旨，要在设计与生产过程中，始终将人民的利益放在首位，将人民健康视为最高价值追求。在智能化、人性化的设计趋势下，应深刻认识到，全心全意为人民服务不仅是一句口号，更是一种行动指南。在设计与生产过程中，必须始终坚持人民至上的原则，将人民健康放在首位，通过科技创新与人文关怀的结合，推动工具设计的不断优化与升级。同时，也应积极倡导健康的工作方式，鼓励人们在工作之余进行适当的运动与休息，共同营造一个健康、舒适、高效的工作环境。

8.3 控制台的设计

8.3.1 概念与设计要点

控制台是用于信息监控、指令输入和任务操作的界面设备，广泛应用于指挥中心、工业生产、交通调度等领域。它是人与机器交互的重要媒介，直接影响操作的效率和安全性。控制台通常由显示器、操作面板、按钮、指示灯等组成，兼具技术性和人机工学设计要求。控制台的形式包括桌式控制台、直柜式控制台、组合式控制台、弯折式控制台等。

其中，显示器面板形式有矩形、V 形、U 形、展开 U 形、半圆形、半球形等，显示器设计的原则有明显度高、可见度高、可读性好、阐明力强、简单明了、确保安全、使视力有缺陷者（如视弱、色弱者）也不会误认、显示器的显示方式和操作者的思维过程应当和谐一致。此外，两列频率相同的光波在空中相遇时发生叠加，在某些区域总加强，在另外一些区域总减弱，出现明暗相间的条纹或者是彩色条纹的现象叫作光的干涉。因此在设计时，控制台上方干涉点的高度必须合理。其高度 h 的计算公式为：

$$h=\frac{Dk+dH}{D+d} \tag{8-1}$$

式中，h 为干涉点高度（即控制台的高度）；D 为干涉点与显示面板的投影距离；k 为操作者眼高；d 为操作者眼点与干涉点的投影距离；H 为显示面板下端高度。

8.3.2 【案例】数字化控制台 ◆ 深化规范性发展

8.3.2.1 显示器面板

控制台上的显示器面板是信息显示和人机交互的关键设备，在航空、医疗、工业控制等领域中广泛应用。其主要作用是将复杂的数据和信息以直观的方式呈现给操作者，帮助其快速、准确地判断并执行操作。控制台显示器面板的形式通常包括触控式和非触控式两大类，前者通过多点触控实现直观交互，后者依靠按键或其他设备辅助操控。此外，根据显示技术的不同，可选择采用 LCD、OLED 和 LED 背光等方案。科学严谨的思维要求在选择显示器面板时，需综合考虑分辨率、响应速度、对比度、功耗和使用环境等因素，以确保面板的可靠性和功能性，满足具体场景的需求。

8.3.2.2 波音 787 客机驾驶舱的全数字化控制台显示器面板

在航空领域，波音 787 客机驾驶舱采用了全数字化的控制台显示器面板。其高分辨率 LCD 屏幕通过多屏联动，提供飞行参数、导航信息和气象数据等关键信息。屏幕具备抗反射和高亮度功能，确保在强光环境下仍能清晰显示，为飞行员提供直观和准确的参考。这一设计提升了飞行员在复杂环境中的操作效率，降低了失误率，体现了显示器面板技术对航空安全的重要支持。

8.3.2.3 思政要点

《深化标准化工作改革方案》指出，深化规范性发展在促进经济持续健康发展和社会全面进步的方面有基础性、战略性作用。在显示器面板形式和选择方面，规范性发展同样具有重要意义。通过科学合理的规范和标准，可以有效提升显示器面板的性能和可靠性，为各领域的发展提供有力支持。显示器面板作为信息显示的核心部件，其形式和选择直接影响到信息的传递效率和准确性。波音787客机驾驶舱所采用的全数字化控制台显示器面板，正是深化规范性发展的一个典型例证。该设计为飞行员在复杂环境中的操作提供了有力支持，有效保障了航空安全。不仅仅局限于航空领域，在各行各业中，显示器面板都扮演着重要角色，其质量和性能直接影响到工作效率和生产安全。因此，深化规范性发展，制定科学合理的显示器面板标准和规范，对于提升各行业的整体水平具有重要意义。

在显示器面板形式和选择方面，深化规范性发展需要从多个方面入手。首先，需要建立严格的质量标准，确保显示器面板在性能、可靠性、安全性等方面达到规定要求。其次，需要加强技术研发和创新，推动显示器面板技术的不断进步和升级，以满足各行业日益增长的需求。最后，还需要加强行业监管和自律，对市场上流通的显示器面板进行定期抽检和评估，确保产品质量符合标准和规范。此外，深化规范性发展还需要注重用户体验和实际需求，提供人性化、智能化的操作界面和交互方式。同时也要意识到，规范并不是一成不变的。随着科技的不断进步和行业的发展变化，显示器面板的形式和选择也需要不断更新和优化。因此，需要保持开放的心态和创新的思维，不断探索新的技术和方法，以适应不断变化的市场需求和用户需求。

为此，应积极响应深化规范性发展的号召，从自身做起，不断提升自身的专业素养和技术水平。在显示器面板形式和选择方面，要严格遵循相关标准和规范，确保产品质量和性能符合要求。同时，还要加强学习和交流，不断拓宽视野和思路，为推动显示器面板技术的不断进步和升级贡献自己的力量。让我们携手共进，共同推动显示器面板技术和行业的规范性发展，为社会的繁荣和进步贡献更多的智慧和力量。

8.3.3 【案例】列车控制中心 ◆ 爱党爱国

8.3.3.1 控制台的应用领域

控制台是人机交互的核心设备之一，广泛应用于工业、航空、交通、医疗等领域。其设计不仅关乎操作者的效率和准确性，也直接影响整体系统的安全性和稳定性。常用控制台的设计需要兼顾功能性、人体工程学和美观性，通过合理布局和优化操作体验，帮助操作者高效完成复杂任务。例如，航空控制台要求提供清晰直观的仪表显示和快速反应的操控装置，以确保飞行安全；工业控制台则需具备耐用性和多功能性，适应高强度作业环境。工匠精神在控制台设计中至关重要，体现为对细节的极致追求和对用户需求的深刻理解，确保设备在技术性能和操作体验之间达到完美平衡。

8.3.3.2 高铁列车控制中心的控制台设计

在高铁列车的控制中心，有一种高度集成化的控制台设计。这种控制台采用了先进的人机交互界面，集列车运行监控、调度指挥、故障诊断等多种功能于一体。设计师们充分考虑了操作人员的实际需求，将复杂的操作流程简化为直观易懂的图形化界面，极大地提高了工作效率。同时，控制台还具备高度的稳定性和安全性，能够确保在极端情况下仍能正常运作，为高铁列车的安全运行提供了有力保障。

8.3.3.3 思政要点

爱党爱国意识，是中华民族精神的核心内容，是推动国家发展、民族振兴的强大动力。在科技创新领域，这种意识更是激励广大科技工作者不断攀登科技高峰、为国家发展贡献力量的重要源泉。控制台作为关键设备的操作界面，其设计质量直接关系到设备的运行效率和安全性。因此，在控制台的设计过程中，设计者们始终将国家安全与人民利益放在首位，通过采用先进的技术手段和优化设计方案，确保控制台具备高度的稳定性和可靠性。这种对安全与利益的坚守，正是爱党爱国意识在科技创新中的具体体现。同时，爱党爱国意识也激励着设计者们不断追求卓越、精益求精。在控制台的设计中，他们不仅注重功能的实现，更关注用户体验的提升。这种对卓越品质的追求，彰显了他们对国家科技进步和人民生活水平提高的深切期望。

此外，爱党爱国意识还促使设计者们积极承担社会责任、推动科技创新与产业升级。设计者们不仅关注当前技术的发展趋势和市场需求，更致力于通过技术创新引领行业升级。他们积极参与国际标准制定、推动技术创新成果的应用和转化等工作，为提升我国在全球科技领域的竞争力和影响力做出了积极贡献。然而，在控制台设计领域仍存在一些问题和挑战。例如，部分控制台产品在设计上仍存在功能冗余、操作复杂等问题；一些新技术、新材料的应用也面临着成本高昂、技术成熟度不足等瓶颈。

因此，应继续加强爱党爱国意识的培养和弘扬，激励广大科技工作者以更加饱满的热情和更加坚定的信念投身科技创新事业。同时，加强跨学科合作、推动产学研深度融合也是提升控制台设计水平的重要途径。应时刻铭记爱党爱国意识的重要性，将爱党爱国意识植于心践于行，将其融入科技创新的每一个环节和细节之中，不忘科学报国初心，牢记科技强国使命。只有这样，才能不断攀登科技高峰、推动国家发展进步、为人民创造更加美好的生活。让我们携手共进、砥砺前行，共同书写科技创新与民族复兴的新篇章。

习题与思考题

8-1 简述设计工作座椅应遵循的原则。

8-2 简述设计手握式工具时应遵循的人机工程学原则。

8-3 工作台椅的智能化设计不仅是技术革新的体现，更是践行“健康中国”战略与“科技强国”理念的重要实践。针对老年群体与残障人士特殊需求，如何构建“适老化/无障碍”智能座椅标准体系，体现社会主义制度下科技发展的普惠性？

9 作业姿势与作业空间设计

【本章导语】

作业姿势与作业空间设计是安全人机工程学的核心内容。本章通过作业姿势、作业空间与动作经济原则等内容，结合案例探讨科学设计对健康保障与效率提升的作用，倡导以系统思维平衡人、机、环境关系，强化读者的职业健康意识。

【学习目标】

❖ 掌握作业姿势与人体机能的关系，了解立姿/坐姿的优缺点及适用场景。

❖ 能运用作业空间设计参数，优化工作台、座椅布局及安全距离。

❖ 能应用动作经济原则，提升作业效率，理解并推动科技向善。

9.1 作业姿势与人体机能

9.1.1 概述

9.1.1.1 作业姿势与人体机能的关系

实际生产活动中的作业姿势有5种，分别是：(1) 坐姿，坐着的作业姿势常指身躯伸直或稍向前倾10°~15°，上腿平放，下腿一般垂直地或稍向前倾斜着地，身体处于舒适的体位；(2) 立姿，通常指人站立时上体前屈角小于30°时所保持的姿势（前屈角大于30°为前屈姿势）；(3) 坐-立交替姿势；(4) 卧姿；(5) 蹲姿。

作业姿势与人体机能密切相关，主要体现在视觉、循环、肢体运动和身体重心的影响上。视觉方面，眼睛的高度和与目标的距离决定了最容易看清东西的位置；循环方面，远离心脏的身体部位由于重力作用，血液流动可能恶化，因此需要避免手的操作点过高或妨碍血液循环的姿势；在肢体运动方面，作业点的位置对手、上下肢以及上半身的运动范围和中心高度有重要影响；同时，作业姿势还需要考虑与身体重心的协调关系。

9.1.1.2 作业姿势的设计原则

确定作业姿势的因素有：(1) 工作空间的大小与照明条件；(2) 体力负荷的大小及用力方向；(3) 工作场所各物体（仪器、工具、加工物件等）的安放位置；(4) 工作台面的高度，有无合适的容膝空间；(5) 操作时起、坐的频率；(6) 应尽量避免一些不良体位，如静止不动、长期或反复弯腰，弯度超过15°、弯腰并伴有躯干扭曲或半坐位、经常或反复让一侧下肢承担体重、长期的两手前伸。

适合坐姿操作的场景有：(1) 持续时间较长的作业；(2) 精确而细致的操作；(3) 需要手足并用的操作。坐姿操作的缺点在于：不易改变体位；施力受到限制；工作范围有局限性；易引起脊柱弯曲等职业损伤。

适合立姿操作的场景有：(1) 须经常改变体位的操作，因为站着比频繁的起坐动作消耗能量少；(2) 常用的控制器分布在较大的区域，需要手足有较大幅度活动者；(3) 在没有容膝空间的机器旁工作；(4) 需要用力较大的作业，在站立时易于用力；(5) 单调的作业易引起心理性疲劳，立位时可以适当走动，有助于维持工作能力。立姿作业应注意脚下应有垫子，要经常改变体位，避免不自然的体位。立姿操作的缺点在于：不易进行精确而细致的工作；不易转换操纵；维持体重，更容易疲劳；全身负担重，易引起下肢静脉曲张。

9.1.2 【案例】站立与坐立的比较 ◆ 科学严谨

9.1.2.1 对于立姿作业与坐姿作业的分析

(1) 立姿：下肢要负担全身的重量克服地心引力，时间久了疲劳会由下而上逐渐形成。优点：作业范围大、作业灵活、便于小范围移动；短期内可以集中精力；需要的作业空间小。缺点：在同样的工作环境下站立作业的疲劳度是坐立作业的1.2倍左右。如果长期站立会导致血液不流畅、静脉曲张等不适或疾病。

(2) 坐姿：坐姿休息或者工作时，上体由于形体的改变要单独负担身体各部位的载荷，骨髓、神经、循环系统、内脏都要改变正常状态。优点：可免除站立时人体的足踝、膝部、臀部和脊椎等关节部位受到静肌力，减少人体能耗，消除疲劳；坐姿比站立更有利于血液循环，有利于保持身体的稳定，这对精细作业更适合。缺点：限制了人体活动范围；长期维持坐姿会影响人体健康；坐姿太久也会引起不适感；作业人员占地面积大，不便于移动。

9.1.2.2 锁螺钉岗位站立式作业与坐立式作业的比较

由表 9-1 ~ 表 9-3 可知，通过对比锁螺钉岗位站立与坐立式作业，可以看出在坐立式作业取产品过程中作业人员身体有向前倾斜现象，在装配过中由于产品过高，造成人员手臂上抬作业，增加手臂劳动强度，降低生产效率。而站立式作业过程中取消了员工抬手装配整机动作及降低了员工产品的距离，提高了生产效率，站立式同比坐立式作业提升 12.27%。

表 9-1 锁螺钉岗位站立式作业与坐立式作业方式的对比

作业方式	活动空间	动作灵活性	占地面积/m^2	工作效率	走动作业	优 点	缺 点
站立式	1.2 m	高	$0.6\times0.4=0.24$	高	可以	可以实现一人多工位作业，在需要减少工序时，可进行岗位合并，实现少人化作业	劳动强度大，易疲劳
坐立式	0.8 m	低	$0.8\times0.8=0.64$	低	不可以	劳动强度小于站立式作业	产品拿取及工作范围均受限制

站立及坐立式手臂疲劳度对比：站立式作业手臂整体操作低于肩部，手臂自然下垂，长时间作业不易疲劳；而坐立式作业手臂整体操作高于肩部，手臂需要上台，长时间作业肩膀容易疲劳，降低作业效率。通过以上数据分析，站立式作业相较于坐立式作业，其优势更为显著。站立式作业的疲劳也可以通过上述合理的改善措施降低员工疲劳度。站立式作业人均空间利用率提升 62.5%，且工作效率得到了提升。

表 9-2 坐立式操作动作分解

坐式作业单岗位操作步骤及时间			
作业名称	锁上盖螺丝		
动作分析			
左手	模特数	右手	备注
伸出 45 cm 从皮带上抓取机顶盒至身前工作台上且后盖朝上，左手收回	11	无动作	
伸手取螺丝装配到电动螺丝刀	13	伸手握取电动螺丝刀移动到身前	
左手抓紧机身	14	握取电螺丝刀进行锁螺丝	5 次
将螺丝装配到电动螺丝刀	8	移动电螺丝刀至身前	4 次
将机身分别旋转至左面和右面准备锁螺丝	5	将电螺丝刀移至机身上面	2 次
抓住机身放回皮带上	7	放开电动螺丝刀	
收回至装配前状态	4	收回至装配前状态	
模特数：147 宽放率：10% 标准时间：18.963 ×（1 +10%）=20.86 s			

表 9-3 站立式操作动作分解

站立式作业单岗位操作步骤及时间			
作业名称	锁上盖螺丝		
动作分析			
左手	模特数	右手	备注
伸出 45 cm 从皮带上抓取机顶盒至身前工作台上且后盖朝上，左手收回	11	无动作	
伸手取螺丝装配到电动螺丝刀	12	伸手握取电动螺丝刀移动到身前	
左手抓紧机身	11	握取电螺丝刀进行锁螺丝	5 次
将螺丝装配到电动螺丝刀	8	移动电螺丝刀至身前	4 次
将机身分别旋转至左面和右面准备锁螺丝	5	将电螺丝刀移至机身上面	2 次
抓住机身放回皮带上	6	放开电动螺丝刀	
收回至装配前状态	3	收回至装配前状态	
模特数：139 宽放率：10% 标准时间：标准时间：16.64 ×（1 +10%）=18.30 s			

9.1.2.3 思政要点

由以上分析和案例可以基本得出作业姿势的选择原则和注意事项。适宜立姿作业的作业类型有：（1）经常改变体位的操作，站立能耗小于频繁起坐；（2）常用的控制器分布在较大的区域内；（3）没有容膝空间，坐着不如站着舒服；（4）需要用力比较大的场合，站着容易用力；（5）单调的作业容易引起心理疲劳，立位作业时可以适当地走动。而适宜坐姿作业的有：（1）持续时间较长的工作，宜采用坐姿以减少疲劳；（2）精确而细致的工作；（3）需要手足并用的工作。

从以上对立姿作业和坐姿作业的分析中，可以体现出科学严谨的思维的重要性，主要表现在以下几个方面。

（1）全面考虑不同因素：在分析立姿和坐姿作业时，需要综合考虑多个因素，包括工作环境、工作内容、员工需求和健康影响等。这种全面性有助于更好地理解每种作业类型的特点和影响。

（2）根据实例进行分析：通过对现实中的案例进行分析，增加了分析的具体性和实用性。这些例子可以帮助更好地理解每种作业的实际情况和潜在问题。

（3）准确评估影响：科学严谨的分析能力使得我们能够全面、客观地评估不同作业类型对员工身体和工作效率的影响。

（4）理性地分析优势与劣势：对立姿作业和坐姿作业进行优劣势的分析，明确了每种作业类型的利弊，有助于全面了解各种作业的优势和潜在问题，避免片面看待问题。

综上所述，从对立姿作业和坐姿作业的分析，能深刻理解科学严谨的思维分析问题的重要性。应该以科学严谨的思维为引领，深入分析作业姿势的选择原则和注意事项，确保工作环境的安全性与合理性，要以全面、客观的视角分析作业姿势的特点和影响，避免因主观判断而忽视潜在的问题，从而保障工作效率与员工健康。应该关注社会层面的问题，积极参与社会治理，推动劳动条件改善，促进社会和谐与可持续发展，更好地践行社会主义核心价值观，以实际行动贡献自己的力量。

9.1.3 【案例】不良体位的危害 ◆ 健康中国战略

9.1.3.1 不良体位对人体造成的伤害

随着计算机广泛地使用和生产自动化的发展，人们往往忽略了大量的工作仍然涉及体力劳动和人工操作这样一个事实。甚至一些与重体力劳动没有直接关系的职业，如专业技术人员、管理人员、行政人员、办事员和服务人员也会因为作业姿势不正确而遭受职业损伤，如计算机操作人员比从事其他职业的人更容易遭受颈部和腕部损伤。人在作业时能发挥的操纵力的大小，取决于人的作业姿势、用力部位、力的作用方向和方式等。当人处于正确的作业姿势时，才能有较高的工作效率。否则，工作效率会明显地下降，甚至导致肌肉骨骼的疾病，如手指、手腕、前臂、大臂和肩部的腱和神经的软组织损伤，或者是关节发炎和肌肉酸痛。

9.1.3.2 园林工人割灌作业姿势的职业危害

割灌作业是城市园林绿化必不可少的工作，园林工人在清除杂草、修剪灌木时经常使用割灌机来完成绿化作业。园林工人在操作便携式割灌机作业时，一般要在自然环境中以一定的姿势负重，割灌机在工作时会产生较大的振动和噪声，作业强度大，工作条件差。这些因素会造成园林工人作业的舒适性和作业效率下降，并且会对他们的身心健康造成重大影响。经过调查，60%的园林工人经常抱怨身体不适，且有下背痛的职业性肌肉骨骼疾患病史。割灌作业中，操作割灌机的园林工人经常要做弯腰、扭腰、摇臂等作业姿势，这些姿势都会增大操作者的脊柱和腰背部肌肉承担的压力，极易产生腰背痛，造成脊柱疲劳与损伤。在操作背负式割灌机时，背负载荷、姿势的不适当也是引起背部疾患的重要原因。

9.1.3.3 思政要点

园林工人在不同的作业中，躯干多数处于前倾状态，为了维持前倾状态中躯干的稳定，脊柱旁的肌肉组织必须保持较高的张力，韧带和椎间盘结缔组织保持较小的张力，以使韧带和椎间盘不易损伤。但是在此种姿势下进行长期的割灌作业可能影响脊柱的稳定性。虽然在割灌作业中，园林工人会下意识调节身体动作以获得最优作业姿势，但由于作业个体的操作习惯差异、自我下意识的选择并不一定正确，可能会导致躯干肌用力不均、竖脊肌过劳等问题，导致园林工人腰背损伤。因此，科研人员和园林管理部门应当加强作业姿势的研究，并将结果应用到作业指导上，从而预防职业病的发生。

通过改善不良工作姿势可以减轻对人体造成的伤害，这种行为体现出对工作人员健康和安全的负责，意识到错误姿势可能对身体带来的潜在伤害，就会更关心并采取积极的措施来维护自己的健康。通过改善工作姿势，减轻对身体的不利影响，可以预防和降低潜在的健康风险。改善不良体位、预防职业疾病是国家《“健康中国 2030”规划纲要》的重要实践。

综上所述，从健康中国战略出发，应深刻认识到，国家的健康发展离不开每一个个体的努力与贡献，党和政府对人民健康的重视体现了对社会整体福祉的关怀，而园林工人等劳动者的职业健康问题则是要特别关注的领域。作为公民，要增强社会责任感，关注和支持政府在职业健康方面的政策实施，并积极参与到改善工作环境和推动健康生活的行动中。

9.2 作业空间设计

9.2.1 作业空间

作业空间，也称工作空间，是人们在从事某项作业时，为完成该项工作，人体所必需的活动范围或空间。它包括人的操作活动范围和机器设备中的显示器和控制器所及范围。作业空间设计应遵守的一般原则有：（1）正确协调总体设计与局部设计相互之间的关系；（2）工作空间设计要着眼于人，落实于设备；（3）考虑人的认知特点和人体动作的自然性、同时性、对称性、节奏性、规律性、经济性和安全性；（4）保证至少在 90% 的操作者中具有适应性、兼容性、操纵性和可达性。

作业空间包含了 3 种不同的空间范围。第一种是人体在规定的位置上进行作业时（如操纵机器、维修设备等），必须触及的空间，即作业接触空间。人们为完成劳动任务的大部分工时主要在这个范围内进行。第二种是人体在作业时或进行其他活动时（如进出工作岗位、在工作岗位进行短暂的放松与休息等），人体自由活动所需要的范围，即作业活动空间。第三种是为了保障人体安全，避免人体与危险源（如机械转动部位等）直接接触所需要的安全防护空间。在进行工作场地和机器设备的设计与布局时，必须充分考虑作业空间的安全人机工程学设计问题。

对于最佳作业空间的选择应考虑：（1）充分考虑作业者的心理特性；（2）充分考虑作业者的行动空间；（3）对于多人集体作业应考虑协同作业空间；（4）考虑设备本身的特点（功能、形状、数量和使用情况等）进行设计，尽量把功能相同和相互联系的部件组合在一起，以利于操作、监视和管理；（5）考虑控制装置的合理布局，将使用频率高的控制装置布置在最便于作业的区域，并按操作的先后顺序，把它们相互之间尽量安排得近一些，形成一个流畅的作业线路。此外，由于种种原因，许多设备要实现无任何危险之处是很难的，因此就必须考虑与其保持一定的安全距离。安全距离一是防止人体触及机械部位的间隔，称为机械防护安全距离的确定，主要取决于人体测量参数；二是使人体免受非触及机械性有害因素影响的间隔，如超声波危害、电离辐射和非电离辐射危害、冷冻危害、尘毒危害等安全距离的确定，主要取决于危害源的强度和人体的生理耐受阈限。

9.2.2 【案例】坐姿空间作业 ◆ 发散思维

9.2.2.1 作业范围

操作者的手和脚在水平面和垂直面内所能触及的运动轨迹范围，称为作业范围，作业范围是构成作业空间的主要部分。作业范围具体又可分为水平作业范围、垂直作业范围和立体作业范围；而按作业姿势又可分为坐姿和站姿下的作业范围等。对于不同的作业范围，许多学者也有其不同的划分标准。例如澳大利亚的海蒂根据“MODAPTS”记号的方法将上肢动作的水平作业范围划分为5个区域，分别为M1/M2：最佳作业域；M3：普通作业域；M4：最大作业域；M5：应该避免经常涉及的区域。而巴恩斯根据美国人体测量将水平面作业范围分为最大水平作业范围和正常水平作业范围。

9.2.2.2 作业范围实例——以坐姿空间作业范围为例

坐姿空间作业范围的布局主要包括工作台、工作座椅、人体活动余隙和作业范围等的尺寸和布局等。坐姿工作面的高度主要由人体参数和作业性质等因素决定。从人体参数方面考虑，一般用座面高度加1/3坐高或坐姿时高减25 mm来确定工作面高度。就作业性质来说，作业需要的力越大，工作面高度就应越低；作业要求视力越强，工作面的高度就应该越高。而在设计坐姿用工作台时，必须根据脚可达到区在工作台下部布置容膝空间，以保证作业者在作业过程中，腿脚能有方便的姿势。坐姿作业离不开工作座椅，座椅的具体设计包括座面高、座位深、座位宽、座面倾角、靠背与靠背角、扶手、坐垫和脚踏板等设计项目。其中，椅面高度和座椅布置的活动余隙须遵循相关的要求。

9.2.2.3 思政要点

优化作业空间范围对于提高工作效率和员工舒适度至关重要。通过合理规划和设计作业空间范围，可以减少员工不必要的作业步骤，并且提供更好的工作布局，有利于员工更高效地完成工作任务。而在作业空间设计中，思维发散能力可以帮助设计者更全面地考虑和解决各种问题，从而优化作业空间的范围和设计。思维发散能力使得设计者能够从多个角度看待作业空间范围。这包括考虑不同操作者的需求和身体尺寸，以及适应不同工作任务的需求。通过从不同视角思考，设计者可以更好地平衡各种因素，以满足不同情况下的作业要求。思维发散能力也能促使设计者产生创意解决方案。在面对复杂的作业环境和限制时，能够灵活地思考并提出创新的设计方法是非常重要的。

通过思维发散，设计者可以发现新的设计思路，解决可能出现的问题，并提高作业空间的利用率。作业空间的设计涉及多个领域，如人体工程学、建筑学、安全学等。思维发散能力使得设计者能够将不同学科领域的知识相互联系，引用相关概念，并将其应用于作业空间范围的设计中。这样的综合应用有助于提高设计的全面性和实用性。

所以，注重发散思维能力的培养，不仅是促使我们从多角度思考、创新设计，解决实际问题，同时也是推动社会进步和国家发展的重要环节。党和政府始终致力于改善人民的工作和生活条件，倡导全面发展的理念。要结合不同学科的知识，增强跨领域的思维能力，为社会提供更人性化、更高效的工作环境。

9.2.3 【案例】车辆驾驶室 ◆ 严谨治学

9.2.3.1 作业空间设计参数

作业空间的设计应该综合考虑人的活动情况和人体尺寸布局，以确保使用者在设计的空间内能够顺利完成规定作业，并避免违反使用者正常习惯的空间布局。具体的参数还包括作业空间尺寸、工作岗位尺寸、视野和照明以及操纵器位置等因素。在设计作业空间时应考虑作业空间内的各项活动和工作流程，确保空间尺寸可以容纳所有必要的设备和操作区域；确保作业空间高度适宜，避免操作者在站立或坐姿时出现不适；考虑作业空间内的障碍物和设备布局，以确保操作者能够自由移动，避免碰撞和阻塞；确保作业空间内的视野良好，避免死角和阴影区，以便操作者能够清晰地观察工作区域和设备；提供充足的照明，包括自然光和人工光源，确保操作者能够安全、舒适地工作。

9.2.3.2 作业空间设计参数在车辆驾驶室中的应用

车辆驾驶室的作业空间设计以驾驶员、驾驶座椅、显示装置、操纵装置以及驾驶室的门、窗、顶棚、板壁之间的合理匹配为基本依据。车辆驾驶室的作业空间应宽敞适度，易于出入。设计者在确定驾驶座椅在车辆上的安装位置之前，必须先确定坐着的驾驶员与座椅结构的相对位置。为了提供人体测量数据，美国汽车工程师协会（SAE）已将车辆驾驶座椅设计的参考点标准化，这个参考点称为座椅标志点（seat index point，SIP）。为便于实际应用，SAE 把 SIP 点到靠背基准平面的距离 135 mm，到座椅基准平面的距离 97 mm 定为标准尺寸，这个标准尺寸适合第 97.5 百分位的男子。SAE 明确规定，任何驾驶座椅的座椅基准平面和靠背基准平面只能用 SAE 的标准人体模型或如图 9-1 所示的测量装置来确定。这样，座椅制造者和车辆设计工程师就有了一个共同的标准定位点。

9.2.3.3 思政要点

作业空间设计参数的应用体现出了设计者严谨治学的态度，作业空间设计不仅仅考虑单一的元素，而是将所有元素视为一个整体。系统化的方法使得各种参数之间的关系得到明确的定义和解释。在设计参数中，每一个决策都基于严格的研究和数据分析，这种对于事实的追求确保了设计的可靠性和有效性。科学的一个核心观念是可重复性，在作业空间设计中，同样的参数和条件应该能产生相似的结果。而作业空间设计参数标准化的意义在于确保在不同环境下的工作空间都能达到一定的安全性、舒适度和效率。标准化设计参数可以帮助确保工作空间符合相关法规和标准，并且有助于提高工作环境的质量和一致性。这种标准化体现了科学精神，因为它基于研究和实证数据，旨在创造最佳的工作环境，使员工能够更有效地工作并降低工作风险。

在作业空间设计中，设计参数具有一定的灵活性，以适应不同的环境和需求。严谨治学的态度避免了主观偏见和情感的干扰，坚持客观、公正的态度来对待每一个设计决策，确保决策是基于事实和数据的。在作业空间设计中，应当考虑多方的反馈和建议，确保设计能满足用户的实际需求。标准化的设计参数还可以促进跨国企业之间的协作和交流，因

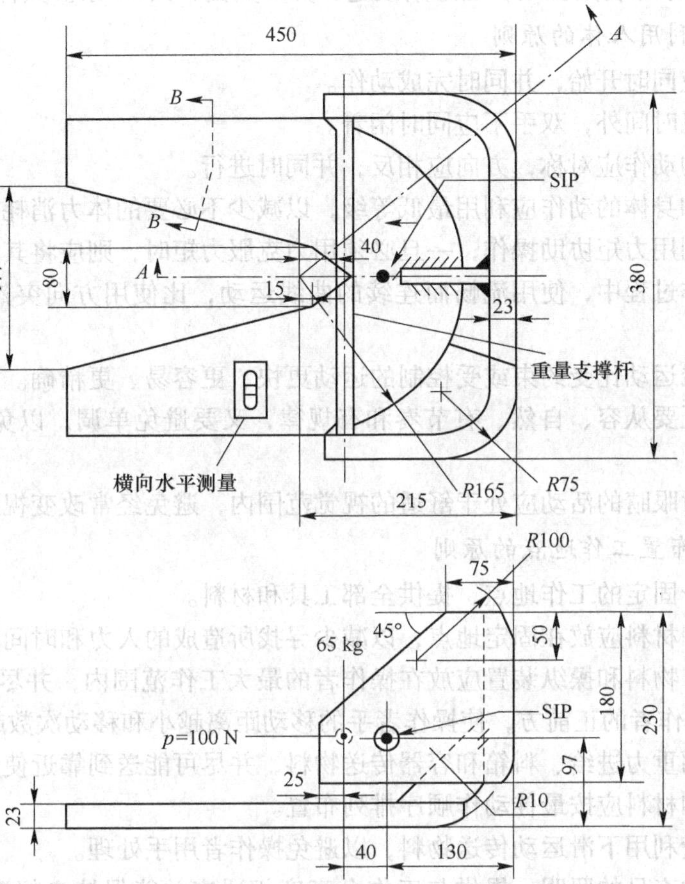

图 9-1 SAE 座椅标志点测量装置（单位：mm）

为它们提供了共同的框架和参考点。标准化也有助于节约资源，因为通过使用已经验证过的设计参数，可以减少试错和重复设计的需要。

因此，应该以严谨治学的态度，注重在各类设计中遵循科学规范，在任何领域，都要秉持严谨的工作态度，科学地分析和解决问题。党的政策一直强调并致力于提升人民的生活质量，推动社会进步。作为社会成员，要发挥自己的专业精神，推动技术进步，严格遵循行业标准，以最大化地保障人民的利益，为国家的高质量发展贡献力量，为建设更加安全、便捷的社会环境提供有力支撑。

9.3 动作经济与效率法则

9.3.1 概念与原则

动作经济原则又称动作经济与效率法则，是使作业（动作的组成）能以最少的工作量的投入，产生最有效率的效果，达成作业目的的原则，是一种为保证动作经济而又有效的经验性法则。该法则以人的生理、心理特点为基础，以减轻人在操作过程中的疲劳为目的而建立，由吉尔布雷斯提出，巴恩斯改进，分3大类，共22条。具体为以下内容。

9.3.1.1 利用人体的原则

（1）双手应同时开始，并同时完成动作。

（2）除休息时间外，双手不应同时闲着。

（3）双臂的动作应对称，方向应相反，并同时进行。

（4）双手和身体的动作应利用最低等级，以减少不必要的体力消耗。

（5）应当利用力矩协助操作，一旦必须用力克服力矩时，则应将其降至最低限度。

（6）在动作过程中，使用流畅而连续的曲线运动，比使用方向突然发生急剧变化的直线运动更佳。

（7）抛物线运动比受约束或受控制的运动更快、更容易、更精确。

（8）动作既要从容、自然、有节奏和有规律，又要避免单调，以免产生“餍足”的心理状态。

（9）作业时眼睛的活动应处于舒适的视觉范围内，避免经常改变视距。

9.3.1.2 布置工作地点的原则

（1）应给予固定的工作地点，提供全部工具和材料。

（2）工具和材料应放在固定地点，以减少寻找所造成的人力和时间的消耗。

（3）工具、物料和操纵装置应放在操作者的最大工作范围内，并尽可能靠近操作者，但应避免放在操作者的正前方，使操作者手的移动距离越小和移动次数越少越好。

（4）应利用重力进给、料箱和容器传送物料，并尽可能送到靠近使用的地方。

（5）工具和材料应按最佳动作顺序排列布置。

（6）应尽量利用下滑运动传送物料，以避免操作者用手处理。

（7）应提供充足的照明。提供与工作台高度相适应并能保持良好姿势的座椅。工作台与座椅的高度应使操作者可以变换操作姿势，可以坐、立交替。

（8）工作地点的环境色应与工作对象的颜色有一定的对比，以减少眼睛的疲劳。

9.3.1.3 设计工具和设备的原则

（1）应尽量使用钻模、夹具或脚操纵的装置，将手从所有的夹持工件的工作中解放出来，做其他更重要的工作。

（2）尽可能使两种或多种工具组合为一种。

（3）应用手指操作时，必须按各手指的自然能力分配负荷。

（4）工具中各种手柄的设计，应尽量增大与手的接触面，便于施加较大的力。

（5）机器设备上的各种杠杆、手轮和摇把等的位置，应保证操作者尽量不改变或极少改变身体位置（粗大费力的操作除外），并应最大限度地利用机械力。

9.3.2 【案例】软件快捷键 ◆ 科技向善

9.3.2.1 减少动作数在技术发展领域的应用

减少动作数是提升效率和优化流程的重要策略之一，其核心在于通过精简操作步骤减少资源消耗和时间浪费，从而提高工作效率和体验满意度。在认知科学领域，这与人类认知资源有限性和任务切换成本理论高度契合。思维发散能力是这一策略成功的理论基础，即通过多角度、多路径的思考，寻找最优解以最少的动作实现目标。这种能力不仅有助于在复杂问题中发现简化路径，还能提高创新效率，推动个人和团队在社会和技术发展中实现突破。

9.3.2.2 软件快捷键设计

以软件快捷键设计为例，其目的在于减少用户的操作步骤，从而提升效率。例如，在文字编辑软件中，用户通过快捷键“Ctrl + C”可以快速复制文本，而无需多次点击菜单选项。这种设计源于对人类操作习惯的深入研究，在用户常用的操作上设置便捷方式，从而减少鼠标点击和拖动等动作。微软 Office 系列软件正是凭借大量人性化快捷键设计，大幅提高了用户的文本编辑效率，增强了用户体验。此外，这种优化还减轻了用户长时间重复操作带来的疲劳，体现了科技以人为本的理念。

9.3.2.3 思政要点

科技向善的人文关怀不仅反映了对技术深刻理解的实施，也体现了对社会和用户需求的敏锐关注。减少动作数的理念，不仅通过技术革新提升了工作效率，也从人文关怀的角度全面优化了用户体验。在现代信息化社会中，随着工作任务的复杂性和信息爆炸的挑战日益加剧，科技的发展需要以人为本，力求为每个用户提供更便捷、舒适的操作方式。以软件快捷键设计为例，它不仅帮助用户减少不必要的操作步骤，提升了工作效率，还解放了更多的时间供用户进行思考和创造。这一设计思想的应用，不仅推动了个体工作模式的改变，也优化了全球范围内的协作方式，成为普遍认可的高效工作方式。

这种科技向善的人文关怀理念，在我国社会发展中同样具有深远意义。国家的“放管服”改革，简化了行政审批流程，减少了企业和群众的时间成本，提高了政府办事效率，极大提升了人民群众的获得感和幸福感。这与减少动作数的理念本质上是一致的，都是为了提升效率、优化服务，方便每个人的生活，确保技术进步能够惠及社会的每一个成员。这种人文关怀精神通过科技的创新，推动了社会的公平与进步，最终为社会的全面发展和国家的强大贡献力量。

总之，应该注重科技发展中的人性化设计，推动技术创新更好地服务人民、推动社会进步。通过科技设计来减少社会的数字鸿沟，提升全民的生活质量。从国家和社会发展的需求出发，倡导科技向善的理念，不断提升技术应用的便捷性和普及度，还要积极发挥个人和集体的作用，在技术应用中关注每一位用户的需求，推动科技与人文关怀的深度融合。

9.3.3 【案例】优化动作距离 ◆ 生态文明建设

9.3.3.1 缩短动作距离在社会发展中的应用

缩短动作距离是动作经济学的重要原则之一，其核心在于通过优化路径、减少不必要的动作环节，提升效率、降低能量消耗。在科学精神的引领下，这一原则被广泛应用于工业生产、交通物流等领域，不仅提高了生产力，还推动了可持续发展。科学精神强调以理性、实证和逻辑为基础，通过对现象的深刻理解和对规律的探索，提出解决复杂问题的创新性方法。这一原则与科学精神相结合，为人类社会的高效运作提供了强大支持。

9.3.3.2 智能算法优化配送路径在物流行业的应用

在物流行业，智能算法优化配送路径的应用是缩短运作距离的典型实例。现在的物流系统大都通过应用大数据和人工智能技术，根据订单分布、交通状况和时间要求优化配送路线。这一系统能够动态调整快递员的行驶路径，将配送时间缩短至最优水平，不仅提升了物流效率，还减少了燃油消耗和碳排放。以京东物流的“智能配送”系统为例，其通过实时分析订单数据、交通路况及天气信息，动态规划最优路径，成功缩短平均配送时效，同时也能提高客户满意度。

9.3.3.3 思政要点

缩短动作距离这一理念在生态文明建设中的应用，体现了科技与环保的紧密结合以及可持续发展目标的实现。在物流领域，通过优化配送路径不仅提高了效率，还显著减少了环境污染。例如，京东的“智能配送”系统通过优化配送路线，不仅有效降低了物流成本，还减少了车辆行驶的距离，进而减少了温室气体排放，为绿色发展做出了积极贡献。这种做法不仅提高了经济效益，也体现了生态文明建设的核心理念——在实现社会发展和经济增长的同时，减少对环境的负担，推动资源节约和环境保护。

在我国当前“双碳”目标的背景下，缩短运作距离的理念对于实现生态文明具有重要意义。许多物流企业，如顺丰和菜鸟，开始借鉴智能路径优化技术，不仅提升了物流效率，还降低了碳排放，为生态文明建设提供了有力支持。从更广泛的社会视角来看，缩短动作距离的理念同样适用于城市规划、公共交通等领域。智慧城市的建设通过优化交通布局，提升了城市运行效率，减少了碳足迹，改善了居民的生活质量。在教育领域，通过在线教育平台和虚拟实验室，缩短了知识传播的时间和空间距离，有助于推动教育公平，促进社会可持续发展。通过这些措施，在推动经济社会发展的同时，能够实现绿色低碳、资源节约的生态文明目标，走上可持续发展的道路。

所以，应该从生态文明建设的角度出发，积极响应国家关于绿色发展的号召，推动科技创新与环保理念的深度融合。党和政府始终高度重视生态环境保护，并明确推动绿色低碳发展，这为人们指明了方向。在日常工作中，应践行生态文明建设的理念，从自身做起，支持绿色发展和节能减排。在实际工作中，我们要通过技术创新缩短动作距离，提升资源使用效率的成功经验，减少环境污染，降低碳排放，建设更加美丽、可持续的社会和国家。

习题与思考题

9-1 实际生产活动中的作业姿势有哪些？

9-2 确定作业姿势的因素有哪些？

9-3 作业空间设计应遵守的一般原则有哪些？

9-4 设计合适的作业空间对于提高员工工作效率至关重要，在《“健康中国 2030”规划纲要》指导下，作业空间设计已从单纯的生产需求发展为体现企业社会责任的重要载体。请结合相关知识，针对制造业装配线或服务业收银岗位，融入减少职业病风险的预防性设计并体现绿色生产理念的空间布局，对作业空间进行设计。

10 作业岗位与空间设计

【本章导语】

作业岗位与空间设计是安全人机工程学的核心实践领域。本章通过人体尺寸数据应用、岗位系统设计及辅助场地规划等内容，分析案例探讨如何实现人、机、环境的高度协调，并引导读者树立服务社会的理念，坚定法治与责任意识。

【学习目标】

❖ 掌握人体尺寸数据在作业空间设计中的应用方法。

❖ 能够运用"人-机-环"系统观进行分析并设计方案。

❖ 能理解辅助性工作场地的有关要求，强化法治意识与安全责任。

10.1 作业岗位的设计

10.1.1 概述

10.1.1.1 作业岗位的空间尺寸概念

为了使员工能够高效、安全地完成特定工作任务，需在工作区域的设计和规划过程中，综合考虑尺寸参数及布局要求。这些尺寸包括但不限于工作台的高度、宽度，座椅的尺寸，工具和设备的摆放位置，以及人员在作业时所需的活动范围等。这些尺寸需要依据人体工程学原理以及具体岗位的工作性质来定义，旨在确保员工在工作过程中能够保持舒适的姿势，减少身体疲劳，避免受伤，并提高工作效率。

10.1.1.2 空间尺寸基本原则

A 垂直方向尺寸

指工作区域中与人体高度相关的设计参数，如工作台高度、座椅高度、腿部空间高度等。这些尺寸根据人体在站姿或坐姿时的肩高、肘高、膝高等生理数据设计，以确保工作时的舒适性和效率。例如，工作台高度应略低于肘高，以减少手臂疲劳，而座椅高度需适配膝高，保证双脚自然着地。

B 岗位类型和任务需求

根据不同工作性质和任务特点对空间设计的具体要求。例如，坐姿岗位（如办公室工作）需要舒适的桌椅高度和腿部空间；站姿岗位（如生产线工人）需设计符合肘高的操作台；动态岗位（如配送、装配）则要求更大的活动空间和灵活的设备布局。这些需求决定了工作区域的高度、范围和布局，确保安全性、效率和舒适性。

C 用户适配性

为满足工作空间能够适应不同体型、身高和操作习惯的用户需求，通过可调节设计

（如可升降工作台、调节座椅高度）和合理布局，确保不同用户在岗位上的舒适性、安全性和效率。

10.1.1.3 主要工作岗位的关键空间尺寸

（1）最小工作间的地面面积不得小于8 m^2；在工作岗位上的自由活动面积不得小于1.5 m^2，并且自由活动场地的宽度不得小于1 m。每个操作者最佳的工作活动面积为4 m^2。

（2）对主要坐着工作的人员，应不小于12 m^2；对主要不是坐着的人员，应不小于15 m^2；对重体力劳动者，应在18 m^2 以上。

（3）加工设备间距（以活动机件达到最大范围计算）：小型设备不小于0.7 m；中型设备不小于1 m；大型设备（运输线视同）不小于2 m。

（4）设备与墙、柱间距（以活动机件达到最大范围计算）：小型设备不小于0.7 m；中型设备不小于0.8 m；大型设备不小于0.9 m。

（5）操作空间：小型设备不小于0.6 m；中型设备不小于0.7 m；大型设备（运输线视同）不小于1.1 m。

（6）高于2 m的运输线须有牢固护罩。

10.1.2 【案例】新型工装 ◆ 人-机-环大系统观

以手工操作为主的生产岗位称为手工作业岗位，国家标准《人类工效学 工作岗位尺寸 设计原则及其数值》（GB/T 14776—1993）为岗位设计提供了基本原则和确定尺寸的基本方法。依据工作任务的性质来选择作业岗位，作业岗位分为坐姿手工作业岗位，立姿手工作业岗位和坐、立姿交替手工作业岗位。

10.1.2.1 设计要求、设计原则与作业岗位尺寸设计

（1）设计要求包括优化作业岗位布局以确保操作便利性和效率，任务应在自然上肢操作区内，坐姿岗位需预留腿部空间，站立岗位提供防疲劳设施；操作动作频率应根据工作内容分析合理安排，高频动作集中在人体工程学最佳区域，低频动作可稍远；设计应考虑不同年龄、性别等群体特点，调整以满足年轻作业者的高效率和减轻中老年作业者的负担，同时考虑性别差异对操作和工具设计的影响。

（2）设计原则应考虑作业者的生理特性和动作经济性，简化动作以减少疲劳，提升效率，并避免单一肌肉或关节过度使用；各组成部分应符合人机工程学和工作特点，调整设施以适应不同岗位需求；保持操作区域整洁安全，禁止无关物体；设计应符合国家标准和规程。

10.1.2.2 提升新型工装的车间手工装配的生产效率

为解决车间手工装配过程中存在重复劳动、生产效率低的问题，一位研究人员设计了一款新型工装，选择10名被试者参与新型工装的实验，结果表明使用新型工装能够降低手工装配时间，提高生产效率。此外，借助表面肌电仪测试新型工装是否会给工人增加额外的肌肉疲劳，结果表明，新型工装能够有效缓解工人的肌肉疲劳程度。据此认为，设计新型工装提升车间手工装配作业的生产效率方法是可行的。

10.1.2.3 思政要点

手工作业岗位是众多行业中劳动密集型工序的重要组成部分，涉及操作频繁、细致且

重复性高的工作环节。在“人-机-环”的大系统观中，手工作业岗位的设计不仅关乎工人的健康与安全，还直接影响到生产效率、产品质量和企业的可持续发展。通过科学的岗位设计，可以有效协调人（工人）、机（设备工具）和环（工作环境）三者之间的关系，减少工作中的安全隐患和疲劳，提高工作效率和劳动者的满意度。从大系统观的角度来看，“人-机-环”三者是一个整体，任何一方面的不合理都会对整个系统造成负面影响。例如，忽视工人的身体负担会导致职业病和工作效率下降；设备不符合人机工程学设计会增加操作难度和出错概率；工作环境的不舒适会降低员工的专注度和积极性。因此，优化手工作业岗位设计，建立协调高效的“人-机-环”系统，是实现企业高效生产和员工幸福感提升的关键。

从上述案例可以看出，“人-机-环”三者的协调优化是手工作业岗位设计成功的关键。研究人员通过新型工装有效保护了工人健康，表面肌电仪测试证实其能缓解肌肉疲劳，实验数据显示工人满意度显著提升；优化的工装设计使“人-机”交互更加流畅，10名被试者的装配时间缩短验证了效率提升；符合人体工学的装备特性增强了操作稳定性，降低了装配误差风险。这种基于实证研究的系统性改进不仅使生产效率提升，更通过科学量化肌肉负荷变化体现了对劳动者的关怀，展现了工业工程领域的技术人文价值。

所以，应当积极关注劳动者的健康与福祉，优化“人-机-环”系统，关注并推动企业和政府在工作环境中的改进，优化工作条件，减小劳动强度。党和政府倡导的社会责任感和发展理念强调人类的共同进步，每一个行业、每一个领域的发展，最终都应服务于人民的福祉。通过努力推动工作场所的设计和改进，不仅能提高生产效率，还能改善员工的健康和生活质量，促进社会和谐发展。还要积极倡导人性化设计，关注劳动者权益，提升全社会的幸福感和凝聚力，为推动国家经济与社会全面进步贡献力量。

10.1.3　【案例】罗技苏州办公室 ◆ 服务社会

视觉信息作业是以处理视觉信息为主的作业，如控制室作业、办公室作业、目视检验作业以及视觉显示终端作业等。随着现代生产自动控制技术、通信技术、计算机技术等学科的飞速发展，各种系统的计算机通信网络的建立，正在改变着人们作业岗位的面貌。因此，视觉信息作业岗位将逐渐成为当代人重要的劳动岗位，其中视觉显示终端作业岗位更具有代表性。

10.1.3.1　基本概念

视觉显示终端作业岗位大多采用坐姿岗位，因而其人机界面关系主要存在于人-椅、眼-视屏、手-键盘及脚-地板四处。

人-椅界面：要求作业者能保持正确的坐姿，保证正确的生理弯曲。脚平放，大腿不受压。上臂与下臂成约 90°的夹角，上臂近于垂直。

眼-视屏界面：首先要求满足人的视觉特点，即从人体轴线至视屏中心的最大阅读距离为 710 ~ 760 mm，以保护人眼不受电子射线伤害；俯首最大角度不超过 15°，以防止疲劳；视屏大小以 30°为佳，最大视角为 40°。

手-键盘鼠标界面：要求上臂从肩关节自然下垂，上臂与前臂的最适宜的角度为 70° ~ 90°，以保证肘关节受力而不是上臂肌肉受力；还应保持手和前臂呈直线，腕部向上不得超过 20°。在手-键盘界面设计时，为适应所有成年人的使用，可选择高度固定的工作台，但应选择高度可调的平板以放置键盘。

脚-地板界面：对坐姿视觉显示作业岗位也是一个重要的人-机界面，如果台、椅、地三者之间高差不合适，则有可能形成作业者脚不沾地，从而引起下肢静态负荷；也有可能形成大腿上抬，而引起大腿受到工作台面下部的压迫。

10.1.3.2 罗技苏州办公空间设计

视觉显示终端作业岗位是现代办公环境中常见的岗位。这类岗位的员工长时间盯着电脑屏幕工作，容易导致眼睛疲劳、颈椎病、背部疼痛等职业病。此外，传统的办公空间设计往往忽视了这类岗位员工的个性化需求，例如，缺乏合适的照明、舒适的座椅和办公桌、合理的屏幕高度和角度等，进一步加剧了员工的职业健康问题。罗技公司为了解决视觉显示终端作业岗位的相关问题，从空间布局、功能排布、色彩、装饰和造型等方面进行了人性化的设计。例如，办公区域采用了符合人体工程学的座椅和办公桌，确保员工在工作时可以获得最佳的支撑效果；设置了可调节高度的屏幕支架，满足不同员工的视觉需求；采用了柔和的照明设计，减少眼睛疲劳；并通过色彩搭配和装饰设计，营造舒适的办公氛围。

10.1.3.3 思政要点

在办公场景中，员工因长期处于不符合人体工程学的环境中而出现健康问题的现象屡见不鲜。为了改善这些状况，罗技公司不仅着眼于提升员工的工作效率，更从人体工程学角度出发，设计了一系列适合视觉信息作业岗位的办公设备。通过配备可调节高度的屏幕支架、符合人体工程学的座椅和办公桌、柔和的照明系统，以及适合手部自然曲线的鼠标和可调节的键盘等，罗技有效缓解了员工因长时间工作而导致的肌肉紧张和疲劳，提高了工作效率和办公舒适度。这些措施展现了罗技在追求经济效益的同时，也充分考虑了员工的职业健康，体现了企业对员工福祉的高度重视和社会责任感。

企业的社会责任不仅仅是创造经济价值，更要关心员工的健康和福祉，促进社会的和谐发展。罗技苏州办公空间设计案例表明，人性化的办公空间能够有效改善视觉显示终端作业岗位员工的职业健康问题，提升员工的办公效率和专注度。同时，人性化的办公空间还能够增强员工的归属感和认同感，促进企业文化的建设和员工的凝聚力提升。

因此，应该秉持“积极致力于服务社会”的观点，要与党和政府倡导的“人民至上”理念高度契合。作为社会成员，我们关注的不仅仅是个人的职业发展，还要关注社会整体的和谐与进步，积极响应人性化设计，优化工作环境，促进员工身心健康，增强企业的社会责任感。同时也要响应国家的号召，助力构建和谐社会，以身作则，在自己的岗位上践行企业社会责任，为社会的和谐发展贡献力量。

10.2 作业空间的人体尺寸

10.2.1 概述

作业空间设计应以“人”为中心，以人体尺度为重要设计基准。作业空间中的人体尺寸定义通常与人体工程学和设计学相关，用于确保工具、设备、工作空间和环境能够适应用户的生理和行为特点，从而提高舒适性、安全性和效率。

10.2.1.1 作业空间设计时人体测量学数据运用

(1) 确定对于设计至为重要的人体尺度;
(2) 确定设计对象的使用者群体,以决定必须考虑的尺度范围;
(3) 确定数据运用原则;
(4) 选择合适的数据定位群体的百分位;
(5) 查找表选择有关数据值;
(6) 如有必要,对数据作适当的修正;
(7) 考虑测量衣着情况;
(8) 考虑人体测量学数据的静态和动态性质。

10.2.1.2 人体视野及所及范围

(1) 视野。视野是指人的头部和眼球固定不动时,眼睛观看正前方物体所能看见的空间范围,通常以角度表示。视野分为动视野(头部固定,眼球自由转动时的可见范围)和静视野(头部固定,眼球静止时的自然可见范围)。

(2) 根据对物体视觉的清晰度,一般把视野分成3个主要视力范围区。

1) 中心视力范围(直视区):视角为1.5°~3°,提供最清晰的视觉。
2) 瞬间视力范围:视角为18°,通过眼球的转动能获得清晰形象。
3) 有效视力范围:视角为30°,必须集中注意力方能有足够的清晰视觉。

(3) 眼高。人眼具有视觉特性,在目视工作中人眼的适应性至关重要。人眼适应性与人眼的高度及显示器、控制器的位置有关。显示器、控制器的配置应当满足人的视觉特性的要求。配置不当将引起作业者的视觉疲劳,从而导致作业的效率降低,安全和可靠性也无法保障。

(4) 视觉运动规律。眼睛在水平方向上的运动速度更快且不易疲劳,导致人们更先注意到水平方向的物体,因此仪表设计常采用横向长方形。视线习惯从左至右、从上至下以及顺时针方向移动,影响仪表刻度的设计方向。人眼对水平尺寸和比例的估计更准确,使得水平式仪表的误读率低于垂直式。眼睛偏离视中心时,人眼对左上限的观察最优,依次为右上限、左下限,而右下限最差。此外,两眼运动协调同步,通常以双眼视野为设计依据。

10.2.2 【案例】不同类别作业空间 ◆ 可持续发展

10.2.2.1 作业空间分类

作业空间可分为物理空间和心理空间,而物理空间又可以分为近身作业空间、个体作业场所和总体作业空间3个部分。近身作业空间是指作业者在某一固定的工作岗位上,保持站姿或坐姿等一定的作业姿势时,由于人体的静态或动态尺寸的限制,作业者为完成作业所及的空间范围。个体作业场所是指作业者周围与作业有关的、包含设备因素在内的作业区域,简称作业场所。而多个相互联系的个体作业场所布置在一起就构成了总体作业空间。总体作业空间不是直接的作业场所,它更多地强调多个个体作业场所之间尤其是多个作业者之间的相互关系。

10.2.2.2 不同类别作业空间实例

常见的近身作业空间是书桌或办公桌等,对于学生或职业人士而言,书桌是一种常见的近身作业空间。它提供了一个集中精力完成任务的区域，可以放置书籍、文件、计算机等工作所需的物品。独立研究室是常见的个体作业场所，这个空间包括书架、研究工具、实验设备等，以满足他们特定的工作需求。常见的总体作业空间有大型办公室、实验室、工厂车间等。大型办公室可以被视为总体作业空间，这些办公室通常有多个工作站，供团队成员共同使用。对于科学研究、工程和其他需要进行实验的领域，实验室是一种常见的总体作业空间。而工厂车间是一个典型的总体作业空间，其中工人、技术人员和设备在一个集中的区域内共同参与生产和加工工作。在工厂车间中，通常有不同的工作站、生产线和设备，用于完成特定的生产任务。

10.2.2.3　思政要点

作业空间的设计不仅关注当前的工作效率，还应该考虑对环境、资源和能源的长远影响。合理设计人机作业空间能够减少资源浪费，提升能源利用效率，这与可持续发展的理念高度契合。以常见的作业空间如书桌、独立研究室、办公室、实验室和工厂车间为例，可以从节能环保和资源合理利用等多个方面进行优化设计。例如，使用环保材料制成的书桌，可以减少甲醛等有害物质的释放，保护使用者的健康，同时符合绿色环保的原则；对于独立研究室而言，除了具备足够的工作空间和工具设备外，还应当考虑使用节能型照明设备和空调系统，以降低能耗，减少碳排放；大型办公室和实验室的作业空间设计应着重考虑空间布局和自然采光的优化，这不仅可以提高工作效率，还能有效减少照明和空调系统的能源消耗，推动企业向绿色发展转型；工厂车间在作业空间设计中，更应重视生产流程的合理规划，通过优化生产线和工作站的位置，减少能源消耗和物资浪费，并提高整体生产效率。

人与自然和谐共生的理念应贯穿于所有作业空间设计的全过程。在设计时，应注重生态环境保护和资源节约，推广绿色建筑理念，使用可再生材料、节能设备，并通过优化作业流程，减少对环境的污染。在办公室和实验室等空间中，设置绿色植物不仅能够美化环境，还能改善空气质量，降低噪声污染，进一步提升作业空间的舒适性和可持续性。此外，环保教育和绿色意识的培养同样至关重要。通过对员工进行可持续发展和环保意识的培训，可以帮助他们在日常工作中养成节约资源、减少浪费的良好习惯，进而推动社会的绿色低碳发展。

为此，应该从可持续发展的角度出发，积极响应党和政府推动绿色低碳发展的战略号召，落实到每个作业空间的设计中，推动社会资源的合理利用和环境保护。在日常工作和生活中要践行这一理念，积极参与到推动绿色发展的行动中，注重节约能源、保护环境，推动社会、国家乃至全球环境的改善，为子孙后代创造更加美好的生活环境。

10.2.3 【案例】作业空间不足 ◆ 社会公德与集体责任

10.2.3.1　作业空间不足对人体造成的伤害

作业空间不足可能会对人体造成多种伤害，包括但不限于肌肉和关节问题、眼睛问题、循环系统问题、呼吸问题、心理压力、免疫系统问题、职业病风险增加、意外碰撞、跌倒和滑倒、火灾和爆炸风险等。工作人员长时间处于狭小的空间中，缺乏足够的伸展和移动空间，可能导致肌肉紧张、疲劳和僵硬以及血液循环减缓，增加血栓形成的风险。狭小的空间可能会影响空气流通，导致室内空气污染和缺氧。缺乏足够的私人空间和隐私也可能增加员工的心理压力。而当工作空间狭小，员工在紧密排列的区域内操作时，可能发生碰撞、撞击或推挤，材料和设备堆积在一起，增加员工跌倒或滑倒的风险。狭小的作业空间还可能导致易燃和爆炸性物质无法得到适当的隔离，增加火灾和爆炸的风险。

10.2.3.2 一般生产安全事故

事发当日，某公司工人郝某、刘某依据工程进度安排开始拆除中控室大门西侧南北走向长约4 m，高约5 m的墙体。16时30分左右，墙体已拆至距地面约1.88 m，郝某站在长边紧邻墙体的移动脚手架二层，使用风镐自上而下继续拆除墙体过程中，不慎坠落至墙体西侧地面，坠落高度约1.68 m。现场人员立即用车辆将其送往医院救治。郝某入院诊断为腰椎和颅脑损伤，经过6 h的留院观察，依据脑部第二次CT：颅内出血未发生变化的结果，以及家属放弃腰椎手术的决定，医院做出了"不适随诊"的医嘱。郝某于当晚返回宿舍休养。第二天，班组长发现郝某无生命体征，经急救人员确认郝某因伤情突然恶化死亡。事故直接原因有两点：一是郝某安全意识淡薄，站在紧贴墙体放置的移动脚手架上作业；二是作业空间不足，致使其在作业中发生坠落，造成事故。

10.2.3.3 思政要点

通过以上案例可以看出作业空间不足可能是造成事故发生的直接原因之一，是一项非常重大的安全隐患。工程设计者和用人单位在作业空间的设计和安全管理中应充分考虑工人的身体健康与安全，确保为每一位工人提供一个安全的作业环境。以郝某发生的事故为例，作业空间的不足是导致事故发生的重要原因之一。郝某在狭小且不安全的空间中作业，未能遵循安全操作规程，站在紧贴墙体放置的移动脚手架上，使用风镐拆除墙体，又因作业空间不足，致使其在作业过程中发生坠落，导致了悲剧的发生。作业空间的设计不仅关乎工作效率和资源的合理利用，更是保护员工安全、避免伤害的基础。工程项目的设计师和施工单位应从安全人机工程学的角度出发，确保作业环境满足工人的工作需求，避免空间狭小、设施不当等引发事故的风险。作为社会成员，我们要认识到，任何工作场所的设计和管理都应将工人的健康安全放在首位，这是对员工生命的尊重，也是对社会责任的体现。

从这一事件中我们也应意识到，保障作业安全是一项系统工程，需要企业和社会各方共同承担。社会公德强调集体责任和社会责任，工人不仅是生产过程中的主体，也是社会共同体的重要一员。除了优化作业空间设计，企业应建立完善的安全培训机制，同时社会上也需要进行安全宣传教育，从而提高安全意识。这种责任不仅是法律和法规的要求，更是社会伦理和公共利益的基本要求。事故的发生提醒人们，社会和企业不仅要关注经济效益，更要负责任地履行保障员工安全的责任。对于公众和社会来说，每一宗因作业空间不足、缺乏安全保障而发生的事故，都是对社会道德和公德心的挑战。

所以，应该从社会公德与集体责任的角度，深刻认识到安全生产对于每个工人的生命健康至关重要，推动社会责任的履行不仅仅是法律的要求，更是道德和人文关怀的体现。在日常工作中关注安全，关心他人，增强集体责任感，提升社会的安全生产意识。通过优化作业空间设计、加强职业安全培训、推动制度建设，为减少类似悲剧的发生做出贡献，助力社会更加和谐稳定，为建设健康、安全的社会环境贡献自己的力量。

10.3 辅助性工作场地

10.3.1 概述

10.3.1.1 辅助性工作场地定义

在作业空间中，有一些场地并不是工作岗位上作业活动本身所需要的，但它的存在对作业活动的连续性和有效性却是十分重要的和不可缺少的。例如，工作场所的出入口、通行道、楼梯、扶梯和斜坡道等。如果没有这些辅助性的工作场地和设施，人员和货物就不能安全及时地到达工作岗位，产品也运不出去，就无法维持正常生产。因此，这些辅助性的工作场地（相对于个人工作岗位称为公共工作位置或公共活动区域）的设计，是作业空间的重要组成部分。在对作业空间总体规划设计时，应考虑它们对空间占有量的要求。

10.3.1.2 辅助性工作场地和尺寸实例

（1）出入口：供人员进出的出入口，最小高度不得低于 2100 mm，最小宽度不得窄于 810 ~ 860 mm。其次，封闭的工作场所必须提供辅助入口，以及各种需要的应急出口。应急出口的尺寸见表 10-1。

表 10-1 应急出口的尺寸 (mm)

应急出口状态	尺寸	
	最小	最佳
矩形门窗开口	405 × 610	510 × 710
方形门窗开口	460	560
圆形门窗开口	560	710

（2）通道与走廊：对仅供人通行和既供行人又供车辆通行的人行道和走廊的尺寸有不同的要求和规定。在场地紧张的情况下建议宽度如图 10-1 所示，而车间通道的实际宽度要视货物的尺寸、运输工具的大小和安全需要来具体确定，一般应比人行道和走廊留出更大余地。含有上述因素的通道尺寸建议如图 10-2 所示。

（3）楼梯、扶梯和斜坡道：选择楼梯、扶梯和斜坡道的主要依据是结构的倾角，而这个倾角又依赖于可利用的空间和结构的限制。图 10-3 所示为这些结构的最佳和可接受的倾角。楼梯、扶梯和斜坡道设计的具体尺寸参数如图 10-3 所示，见表 10-2 ~ 表 10-4。

表 10-2 扶梯尺寸

符号	项目		最小	最大
A	扶梯升角/(°)		50	75
B	踏板深度/mm	50°升角	150	255
		75°升角	75	145
C	踏板间距/mm		180	300
D	踏板至平台高度/mm		150	300

续表 10-2

符号	项　目	最小	最大
E	两边扶手间宽/mm	535	610
F	最小装设高度/mm	1700	—
G	扶手高度/mm	860	940
H	扶手直径/mm	30	50
I	最小容手余额/mm	75	—

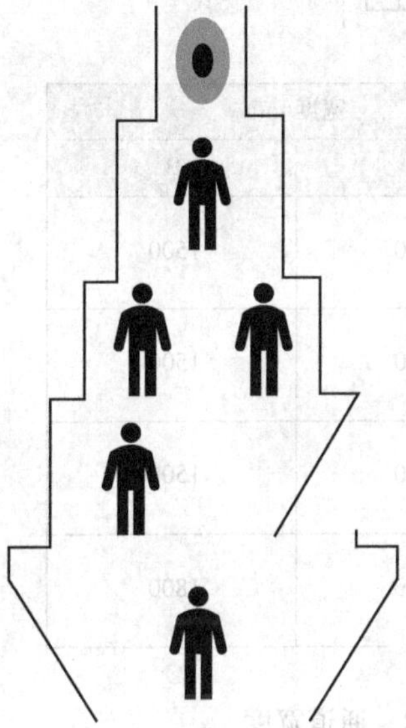

图 10-1　人行道和走廊尺寸

表 10-3　楼梯尺寸

符号	项　目		最小	最大
A	台阶升角/(°)		20	50
B	台阶宽度/mm		240	300
C	台阶间距/mm		125	200
D	楼梯宽度（扶手至扶手）/mm	单行楼梯	510	—
		双行楼梯	1200	—
E	最小装设余隙/mm		2000	—
F	扶手高度/mm		760	910
G	扶手直径/mm		30	75
H	容手余额/mm		45	—

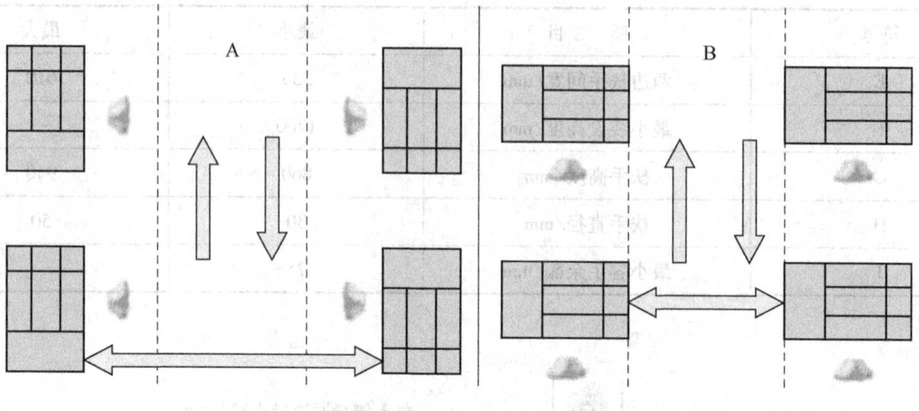

项目	宽度/mm	
	A	B
通道	2000	1500
货物	2200	1500
手推车	2500	1500
运输汽车	3000	1800

图 10-2 通道宽度

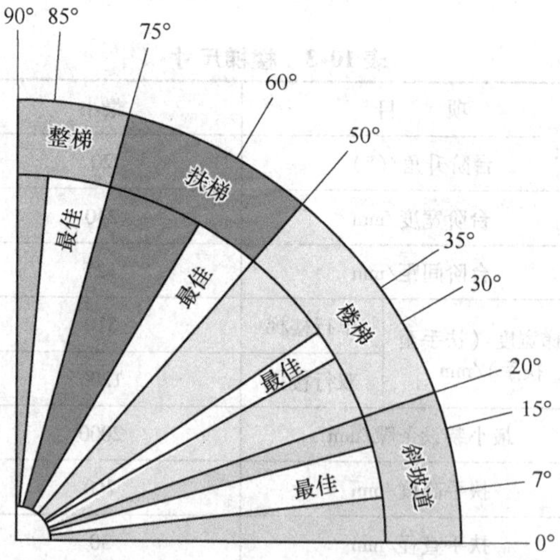

图 10-3 不同结构的许用倾角和最佳倾角

表10-4 斜坡道尺寸

符号	项目	最小	最大
A	斜坡升角/(°)	—	20
B	扶手高度/mm	900	1100
C	斜坡宽度/mm	视功能和用途而定，主要取决于车辆和负荷大小	
D	扶手直径/mm	25	75
E	扶手周围余隙/mm	50	—

10.3.2 【案例】电商公司包装区 ◆ 团队合作

10.3.2.1 辅助性工作场地

辅助性工作场地是指在主要作业区域周边，为辅助完成核心任务、提供物料支持、临时存放工具或进行阶段性检验等活动而设置的特定空间。它虽不像主作业区那般处于任务流程的核心地位，但对于保障整体工作的流畅性、提升效率以及促进团队协作起着不可或缺的作用。如果没有这些辅助性的工作场地和设施，人员和货物就不能安全及时地到达工作岗位，产品也运不出去，就无法维持正常生产。因此，这些辅助性的工作场地的设计，是作业空间的重要组成部分。在对作业空间总体规划设计时，应考虑它们对空间占有量的要求。

10.3.2.2 大型电商公司的分拣区旁的包装区

某公司配送中心的分拣区是核心作业区域之一，负责将拣选好的商品按照订单进行分拨。紧邻分拣区设置了一个矩形包装区，这是典型的辅助性工作场地。在这个区域，配备了多台自动打包机，用于对拣选好的商品进行快速包装。包装区一侧设有若干个包装物料架，存放着不同规格的纸箱、胶带、打包绳等包装物料，货架之间留有足够的通道，方便包装员取用。包装区另一侧则设置了若干个工作台，用于包装员进行包装作业。工作时，分拣区的分拣员将商品分拣完毕后，直接推送到包装区进行包装，包装员根据订单信息进行包装，并迅速将包装好的商品转移到集货区等待发货。包装区的合理布局和高效设备，有效缩短了包装时间，提高了分拣区的作业效率，为整个配送中心的快速运作提供了有力支撑。

10.3.2.3 思政要点

在现代物流行业中，团队合作精神是保障高效运作的关键。某电商仓库的发货区与包装物料准备区相辅相成，形成了一个高效协同的作业系统。作为辅助性工作场地，包装物料准备区不仅为发货区提供支持，还直接影响到订单处理的速度和准确性。合理的空间设计使得仓库管理员、拣货员和包装员各司其职，相互配合，实现高效流转。例如，物料货架的层次分布、货架间的合理间隔、通道的优化设计，都体现了安全人机工程学在提升团队协作效率中的应用。仓库管理不仅需要高效的流程规划，更需要团队成员之间的密切配合，才能确保物流链的顺畅运行。只有通过高效的团队协作，才能保证货物在短时间内完成拣选、包装和发货，满足电商行业对快速配送的需求。

团队合作精神不仅是企业发展的核心竞争力，也是社会和谐进步的重要基石。党的发展理念强调集体协作和共同富裕，推动社会成员在各自岗位上发挥特长，相互支持，共同促进社会发展。在物流行业，团队合作精神不仅能提高生产效率，还能减少失误，提高客户满意度，促进企业的可持续发展。此外，团队合作精神也体现在社会治理和国家发展中，如政府机构、公共服务部门以及企业组织都需要通过协同合作来提升服务质量和管理效能。当前，我国正处于经济转型和高质量发展的关键阶段，推动现代化物流体系的建设离不开高效的团队合作。通过优化工作场地的布局，提高团队协作的便利性，能够进一步提升行业效率，为社会提供更优质的服务，同时也能促进企业员工之间的信任和默契，增强职业幸福感和归属感。

总之，应该大力弘扬团队合作精神，在工作和社会生活中注重协作，增强集体意识，共同推动社会进步。积极贯彻落实党的发展方针，共同奋斗、共享发展成果，推动经济高质量发展。同时要积极与他人沟通协作，增强责任感，发挥个人价值的同时促进整体效率提升，相互支持，共同面对挑战，提高团队执行力，共同促进各行各业的繁荣进步。

10.3.3 【案例】应急出口不合规 ◆ 法治与责任

10.3.3.1 辅助性工作场所尺寸不合规的后果

（1）应急出口尺寸不合规。应急出口尺寸不合规会导致人员安全风险增加，在紧急情况下，如火灾或其他突发事件，不合规的应急出口可能导致人员无法迅速、有序地撤离，增加受伤甚至丧命的风险；并且对于商业机构或公共场所，如果发生由于应急出口不合规导致的事故，可能会严重损害其品牌和声誉。

（2）平台和护栏尺寸不合规。平台和护栏尺寸不合规可能会对工人、设施和业务运营产生严重影响，增加坠落、碰撞和伤害的风险等。护栏的主要目的是防止工人或物体从平台上坠落。如果护栏尺寸不合规，如太低或太薄弱，坠落的风险会大大增加。而狭窄的平台和不足的护栏尺寸可能导致工人、设备和物料之间发生碰撞，从而增加受伤的风险。

10.3.3.2 尺寸不合规造成的安全事故

2009 年 1 月 31 日晚 11 时 30 分左右，某酒吧 10 名左右男女青年开生日聚会，在桌面上燃放烟花，引燃天花板酿成火灾。现场陆续救出 35 名人员，其中 15 名人员因窒息经现场紧急抢救和送往医院抢救无效后陆续死亡。一些死里逃生的年轻人透露，酒吧的门是向内开的，火灾发生后，在一片漆黑混乱拥堵的情况下，逃生的门怎么都打不开。公安部消防局有关负责人表示，该酒吧内狭窄的消防通道和空间给逃生造成了困难。“这个酒吧是违法经营，没有通过消防部门的审核验收，就擅自违法开业。”

10.3.3.3 思政要点

从案例事故可以看出辅助性工作场地尺寸合规的重要性。在该火灾事故中，应急出口不合规是致使事故造成更恶劣的后果的根本原因。狭窄的消防通道和空间违反了相关安全规范，同时也威胁着人们的生命安全。通过该案例可以看出，有关单位在设计和建设各种场所设施时，必须严格遵守相关法律法规和安全标准。尺寸不合规不仅是对法律法规的忽视，还表明了有关单位在安全生产管理上的疏忽。这原本是一起可以避免的灾难，一些单位意识淡薄、贪图利益、逃避消防验收、群众普遍缺乏消防安全知识，是酿成这次重大火灾悲剧的根源，它向人们敲响了安全教育的警钟。

从法治与责任意识的角度来看，这一事件提醒我们，法律和规章制度是确保安全的重要基石。有关单位不仅需要了解和执行安全规范，更应加强员工的安全教育与责任意识，提升全员的法治思维。只有通过严格的法律制度执行和安全责任的落实，才能有效预防事故的发生，保障人们的生命安全。有关单位应将法律合规作为经营的基础，切实保障工作环境的安全，履行社会责任，为有关人员提供一个健康、安全的场所。同时，政府应加强对有关单位安全生产的监管，确保相关法律法规得到严格执行，推动社会整体安全水平的提升。

综上所述，应该深刻认识到，法治思维和责任意识是企业安全管理的核心。党和政府始终强调安全生产和社会法治建设，要求相关单位严格执行安全标准和法律法规。要增强法治意识，遵守工作场所的安全规定，确保自己的安全，也为他人的安全负责。同时呼吁各单位加强安全管理，认真落实法律法规要求，真正做到依法设计、依法经营，不仅能为自身的可持续发展提供保障，也为社会的稳定与和谐发展贡献力量。

习题与思考题

10-1 简述视野的定义和分类。

10-2 辅助性工作场地的定义是什么？

10-3 在作业空间设计中，人体尺寸和空间规划不仅关系到生产效率，更体现着企业的社会责任与人文关怀。若某化工厂发生因通道宽度不足导致救援延误的情况，请从法治意识角度并结合我国“十四五”规划中关于“健康中国”建设的内容，论述作业空间设计应如何满足并体现应急疏散的法定要求、职业危害防护的强制标准以及特殊岗位的特殊保护规定。

11　事故控制与安全设计

【本章导语】

事故控制与安全设计聚焦事故成因的分析与安全装置的设计。本章概述了事故成因、安全装置和防护装置，并通过案例分析，帮助读者掌握事故预防方法，树立职业担当与社会责任意识，强化安全发展的系统思维。

【学习目标】

❖ 掌握事故成因的有关因素及管理缺陷分析方法。

❖ 掌握装置设计原则，分析装置失效问题，理解效益与安全之间的平衡。

11.1　事故成因分析

11.1.1　概述

11.1.1.1　定义

事故成因分析是基于安全科学和系统工程学的基础理论，运用多种分析工具和方法，对事故涉及的人员、设备、环境、管理及外部条件等因素进行全面评估的系统性过程。对一起事故的原因分析，通常有两个层次，即直接原因和间接原因。直接原因通常是一种或多种不安全行为、不安全状态或两者共同作用的结果。间接原因可追踪于管理措施及决策的缺陷，或者环境的因素。分析事故时，通过分析明确是哪些行为、状态或管理失误导致了事故的发生；明确事故中不同因素（如人的行为、物的不安全状态、环境影响等）之间的相互关系及其作用机制；最后基于分析结果，制定科学、有效的干预和预防策略，从根源上消除或减弱事故发生的可能性。

11.1.1.2　相关要素

（1）事故致因逻辑分析：通过系统的方法，研究事故发生的原因、过程和机制，揭示事故的内在逻辑关系。这有助于理解事故的根本原因和直接原因，以及各因素之间的相互作用，为制定有效的预防措施提供依据。事故致因逻辑分析关注事故发生的原因和机制，强调事故是多因素交织、相互作用的结果。

（2）事故原因综合分析：对导致事故的各种因素进行全面评估，包括人的因素、物的因素、环境因素和管理因素。通过综合分析，确定各因素在事故中的作用和影响程度，从而找出主要原因和次要原因，为事故预防和改进提供指导。

（3）人的不安全行为因素：指在生产或生活过程中，个人违反安全操作规程或忽视安全要求的行为，这些行为可能导致事故的发生。常见的不安全行为包括违章操作、忽视安全警告、未正确使用个人防护装备等。纠正人的不安全行为是消除事故隐患，实现安全生产的重要途径。

（4）物的不安全状态因素：指设备、设施、材料或环境存在的缺陷或危险状态，这些状态可能直接导致事故的发生。例如，设备老化、机械故障、缺乏必要的安全防护装置等，都是物的不安全状态。识别和消除物的不安全状态是预防事故的重要环节。

（5）管理失误因素：指在组织和管理过程中存在的缺陷或失误，导致安全生产措施不到位，从而引发事故。这包括安全管理制度不健全、监督检查不到位、员工培训不足等。加强安全管理，完善制度和流程，是减少管理失误，预防事故的重要手段。

11.1.2 【案例】化工储罐事故 ◆ 整体观与全局观

11.1.2.1 常见的事故原因综合分析图法

事故原因综合分析图是一种用于表示和分析事故原因的图表工具。它通常用于将复杂的事故原因结构化，并可视化地呈现出来，以便于分析、理解和沟通。常用的事故原因综合分析图如下。

（1）鱼刺图，又称为鱼骨图或鱼骨图表，是一种用于分析问题、找出问题根本原因的工具。通常用于质量管理、过程改进、故障分析以及团队讨论中，以系统性地追踪问题的根本原因。

（2）事故树分析，是一种系统性的、定量的风险评估工具，用于分析复杂系统或过程中可能发生的事故、故障，以及这些事件的根本原因。

（3）事件树，是一种系统分析工具，用于预测和评估系统或过程中特定事件的可能性和后果。其主要目标是通过图形化的方式，系统性地分析一个特定事件发生的不同可能路径，以及每个路径的可能结果。

11.1.2.2 化工企业罐区事故成因综合分析

中国化工年产值近年来一直处于世界领先位置，但是由于快速扩大产能等原因，使得化工企业在管理方面可能会存在某些缺陷。并且，对于事故防治，化工企业通常依赖于原有经验，这对事故发生前的检查与事故发生后的处置是极为不利的。如图 11-1 所示，针对某化工企业罐区事故成因进行综合分析，通过事故树分析法和数值模拟方法，对化工储罐事故成因进行了深入探讨。研究发现，设备缺陷（如零件腐蚀、密封不严）、人员操作失误（如违章动火、操作失误）以及环境因素（如空气含水量高、温度监控系统失效）是导致事故发生的主要原因。事故树分析揭示了设备缺陷和人员操作失误对事故发生的贡献最大，而统计分析则表明爆炸事故和火灾事故的发生概率和后果最为严重。分析结果为化工园区储罐事故的预防和管理提供了科学依据，并提出了改进措施，如加强设备维护、规范操作流程、完善监控系统等，以降低事故发生风险，保障人员和财产安全。

11.1.2.3 思政要点

通过事故原因综合分析图（见图 11-1），分析人员可以更直观、更结构化地理解事故的复杂原因，找到潜在的和根本的原因，从而更有效地开展事故调查和预防措施。事故原因综合分析图不仅用于事故调查，还广泛用于风险评估和过程改进，以提高系统或组织的安全性和效率。事故原因综合分析图是一种视觉化工具，它可以帮助我们从宏观和整体的角度理解事故的成因。其中也蕴含着全局观和整体观的哲理。首先，事故原因综合分析图可以清晰地描绘出事故各个原因之间的关联和联系，显示事故是如何从多个因素的交互中

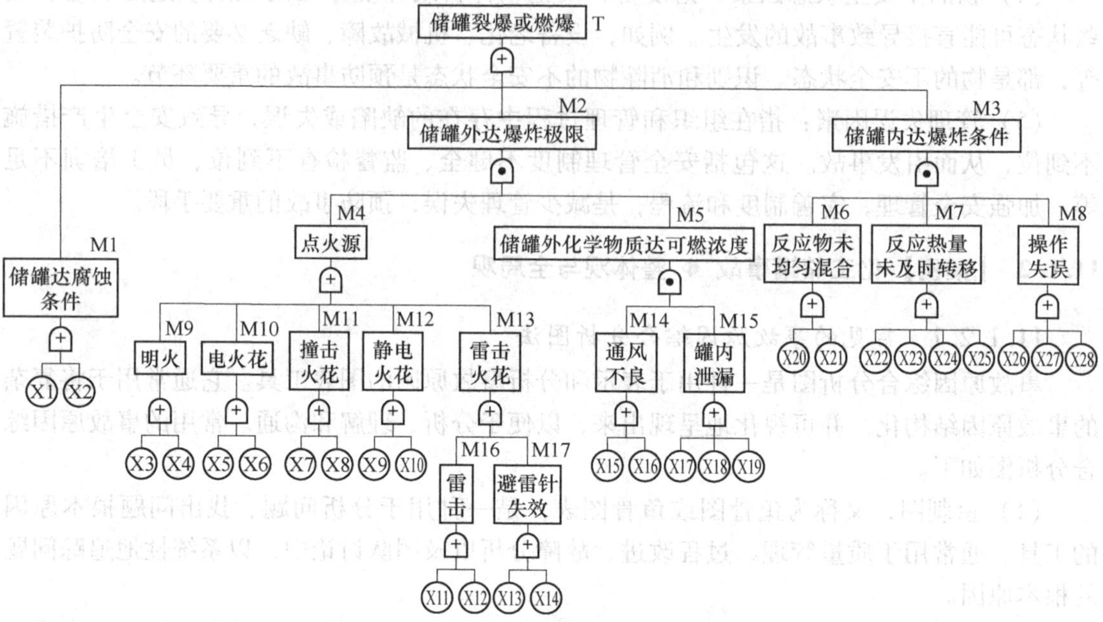

图 11-1 化工反应罐事故树分析图

逐步形成的；分析图从更宏观的层面识别事故的根本原因，而不仅仅是关注表面或直接原因，这体现出了全局观。

此外，事故原因综合分析图强调整个系统的作用，它描绘了事故如何是由整个系统中不同部分的交互和失效引起的，全面展示了与事故相关的各种因素（人的因素、环境因素、设备因素等），并分析它们是如何相互作用、相互影响的，这体现出了整体观的应用。从整体的角度出发，事故原因综合分析图还可以辅助识别和提出有效的预防和改进措施，从而减少或避免类似事故的再次发生。这些分析图清晰地展示了导致事故发生的各个因素是如何交织在一起，并在一定条件下触发事故的。从这个整体和宏观的视角出发，分析人员可以更全面、深入地理解事故的成因，并据此提出有效的预防措施。

为此，应该从整体观与全局观的角度，树立整体意识，将安全责任落实到个人和集体的每一项行动中，从局部到整体都要深刻理解和重视安全工作。同时，还要主动推动各行业安全管理的规范化，从政策层面到操作细节都要符合安全标准，加强对事故的预防措施，保障人民群众的生命安全，提高企业的安全生产水平，为国家的社会稳定与长远发展提供有力支撑。

11.1.3 【案例】化学品爆燃事故 ◆ 规则意识

11.1.3.1 事故案例

事故发生在某化工公司聚氯乙烯车间氯乙烯工段丙班接班后，班长李某到冷冻机房检查未见异常后，便在冷冻机房用手机看视频。10 min 后，压缩机入口压力降至 0.05 kPa，操作员在之后 3 min 内进行了操作。DCS 运行数据记录显示，回流阀开度在约 3 min 时间内由 30% 调整至 80%，又过了 5 min 后，气柜高度快速下降。操作员用对讲机呼叫巡检工，汇报气柜波动，通知其去检查，随后向班长汇报。2 min 后出现爆炸声，厂区南面起火，监控视频显示1号氯乙烯气柜发生过大量泄漏。

11.1.3.2　事故原因分析

直接原因是该化工公司违反相关规定，聚氯乙烯车间的1号氯乙烯气柜长期未按规定检修，且事发前操作人员没有及时发现气柜卡顿，仍然按照常规操作方式调大压缩机回流，进入气柜的气量加大，加之调大过快，氯乙烯冲破环形水封泄漏，向厂区外扩散，遇火源发生爆燃。间接原因为企业不重视安全生产、安全管理混乱，并且存在安全投入不足、教育培训不到位、风险管控能力不足、应急处置能力差、生产组织机构设置不合理、隐患排查治理不到位等管理缺陷，共同促成了这起事故的发生。

11.1.3.3　思政要点

经调查认定，该爆燃事故是一起由于人失误和管理缺陷造成的重大危险化学品爆燃责任事故。人的不安全行为和管理失误是导致安全事故发生的两个主要原因。上述案例中，操作工可能是由于疲劳和分心而导致注意力不集中，未发现气柜的异常从而继续进行操作，导致氯乙烯泄漏并发生爆炸。并且该公司的管理者在思想上对安全工作的重要性认识不足，安全法律责任意识极为淡薄，且弱化安全文化，未将安全文化视为重要事项，导致员工对安全的重视程度降低。并且该公司安全规章制度（包括设备巡检）和操作规程不完善，使得巡检工并未及时发现异常并采取补救措施。

上述事故的发生也体现了规则意识的重要性，规则意识是指对规章制度、安全程序和标准的认知和遵守意识。当人们缺乏规则意识时，就会忽视安全规定，从而增加了事故发生的风险，因此必须增强规则意识，减少事故的发生，保证自身人身安全。安全规定和程序旨在保障人员和环境的安全，遵守规定可以有效地减少潜在的安全风险，防止事故的发生；规则意识可以促进正确行为和操作，正确的行为和操作可以最大限度地减少意外事件的发生；规则意识有利于培养责任心和团队精神。拥有规则意识的人们通常更加关注自身和他人的安全，愿意履行自己的责任，积极参与团队的安全管理；规则意识还促进安全文化的建设，良好的规则意识有助于建立积极的安全文化。

因此，应该强化规则意识，严格遵守安全规章制度，避免因人的不安全行为和管理失误导致严重事故的发生。安全生产关乎人民生命财产安全，是国家社会稳定和经济发展的重要保障。党的方针政策始终强调安全生产责任，要求各企业、政府部门和社会成员增强规则意识，严格执行安全法规，确保每一个环节的规范操作，这要求每个人都要以高度的责任感，推动安全管理制度化、规范化，共筑安全稳定的社会。

11.2　安全装置设计

11.2.1　概述

11.2.1.1　定义与作用

安全防护装置是指配备在机械设备上能防止危险因素引起人身伤害，保障人身安全和设备安全的所有装置。根据国家标准《机械安全　防护装置　固定式和活动式防护装置的设计与制造一般要求》(GB/T 8196—2018）的规定，安全装置的设计和制造需满足一系列一般要求，包括机器方面、人的因素、材料选择、防护装置的透明性、抗腐蚀性、抗微生物性、无毒、防辐射等。

安全防护装置的主要作用是杜绝或减少机械设备在正常或故障状态下，甚至在操作者失误情况下发生的人身或设备事故。这包括防止机械设备因超限运行而发生事故、通过自动监测与诊断系统排除故障或中断危险、防止因人为误操作而引发的事故等。具体作用有：（1）防止机械设备因超限运行而发生事故；（2）通过自动监测与诊断系统排除故障或中断危险；（3）防止因人为的误操作而引发的事故；（4）防止操作者误入危险区而发生的事故。

11.2.1.2 设计原则

（1）适用性原则：安全装置的设计必须符合使用环境的要求，考虑到可能出现的危险和风险因素，在合理的范围内保障人身安全和财产安全。

（2）全面性原则：安全装置的设计要全面覆盖可能存在的危险区域和风险点，确保对潜在威胁进行有效的预防和控制。

（3）可行性原则：安全装置的设计要符合实际操作的要求，方便使用人员进行操作和维护。安全装置的设计应尽量简洁明了，易于理解和操作。同时，要考虑使用成本和维护成本，确保安全装置的经济可行性。

（4）可靠性原则：安全装置的设计要确保可靠性和稳定性，能够在紧急情况下快速响应并保护人身安全和财产安全。

（5）灵活性原则：安全装置的设计要能够适应不同的工作环境和条件，能够根据实际情况进行调整和改进。

（6）标准化原则：安全装置的设计要符合相关的标准和规范要求，确保设备的质量和性能达到预期的要求。在选择和安装安全装置时，要参考国家和行业的标准，遵循规范化的要求，以确保装置的合法性和合规性。

（7）效益原则：安全装置的设计要具有显著的效益和实际的效果，能够有效地预防和控制事故和风险。

11.2.2 【案例】常见安全装置 ◆ 职业担当

安全装置通过自身的结构功能限制或防止机器的某种危险，或限制运动速度、压力等危险因素。常见的安全装置有：联锁装置、双手操作式装置、安全距离感应控制装置、自动停机装置、机械抑制装置等。

11.2.2.1 安全装置分类

A 联锁装置

联锁装置是用于安全目的的自动化装置。联锁装置通过机械或电气的机构使两个动作具有互相制约的关系，是防止误操作的有效措施。联锁装置包括直接作用式、间接作用式和组合式3种形式。图11-2所示为一种间接作用式联锁装置。

B 双手操作式装置

图11-3所示为一种双手操作式装置。双手操作式装置是指设置两个启动按钮，两手操作启动直到危险状态解除为止。特别注意的是，双手操作式安全装置只能保护使用该装置的操作者，不能保护其他人员的安全。

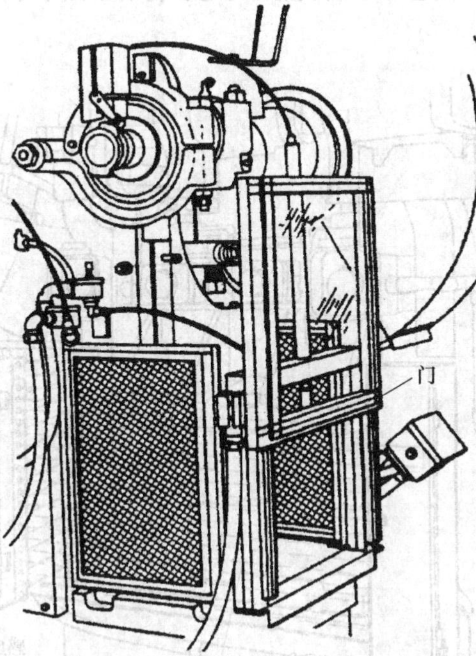

图 11-2 间接作用式联锁装置

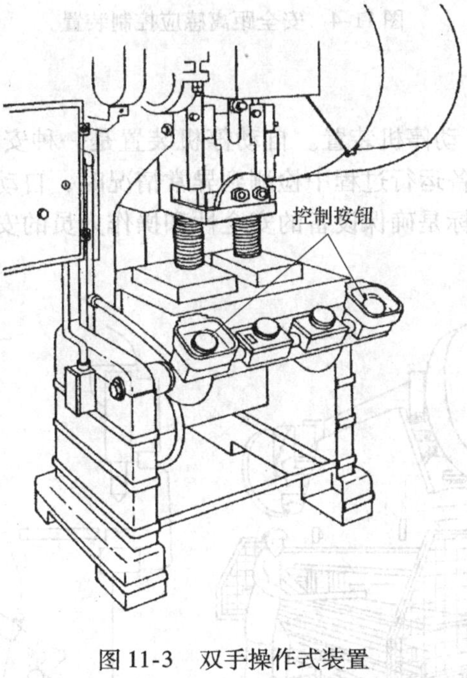

图 11-3 双手操作式装置

C 安全距离感应控制装置

图 11-4 所示为一种安全距离感应控制装置。安全距离感应控制装置是一种通过感应操作人员或物体与危险区域之间的距离，实时监测并控制设备运行状态的安全装置。其主

要功能是确保在操作人员接近危险区域或进入预设的安全距离时，自动采取措施来防止事故发生。

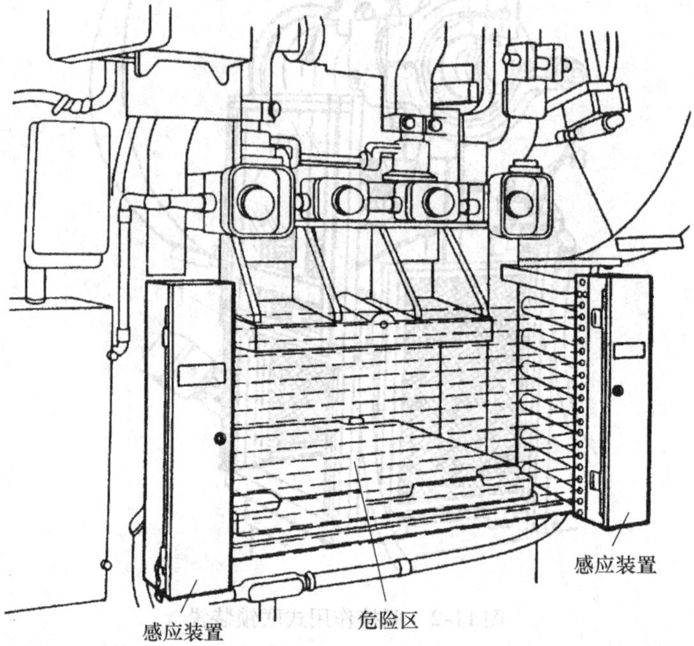

图 11-4　安全距离感应控制装置

D　自动停机装置

图 11-5 所示为一种自动停机装置。自动停机装置是一种安装在机械设备或生产系统上的安全装置，能够在设备运行过程中检测到异常情况时，自动停止设备运行，防止事故的发生或扩大。其设计目标是确保设备的安全性和操作人员的安全，同时保护设备免受可能的损害。

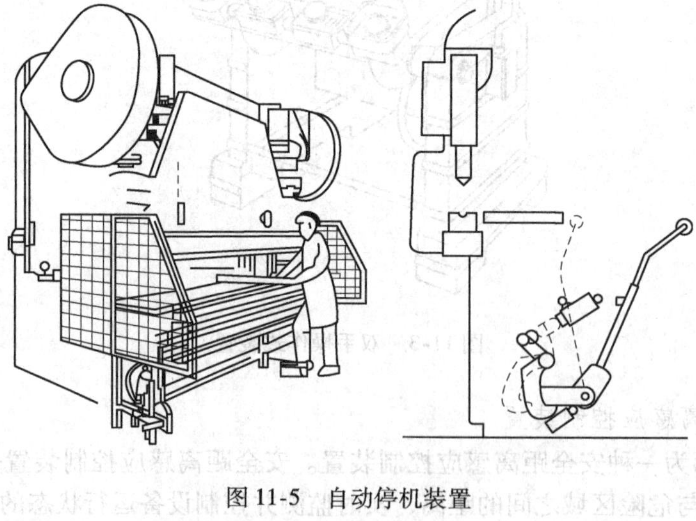

图 11-5　自动停机装置

E 机械抑制装置

图 11-6 所示为一种机械抑制装置。机械抑制装置是一种机械障碍装置，如生产中常见的楔、支柱、撑杆、止转棒等，都属于该装置。该装置靠其自身强度支撑在机构中，用来防止某种危险运动发生。

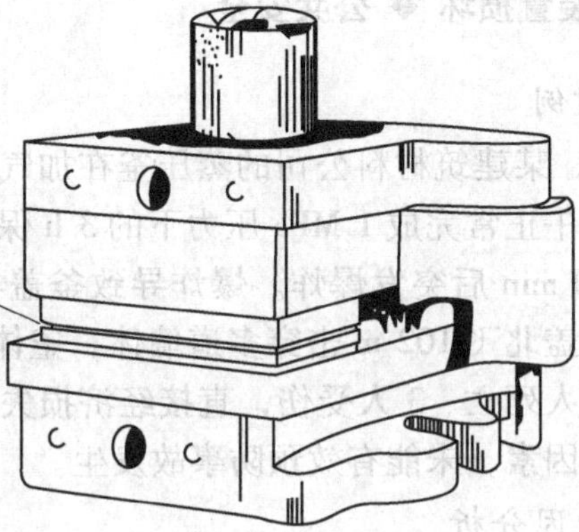

图 11-6 机械抑制装置

11.2.2.2 基于独立式 PLC 的烟草高架库安全联锁装置

目前烟草行业部分工商企业高架库巷道入口存在无联锁装置的情况，特别是烟草商业企业，其大部分物流设施基本在 2010 年前建设完毕，由于建成年代较早，并未考虑安全联锁装置问题。针对此类问题，一项研究基于独立式 PLC，构建了可独立控制运行的高架库安全联锁装置。通过在库区入口安装安全光栅等检测装置，利用独立 PLC 控制联锁逻辑，并通过无线传输与原高架库控制系统的物理报警点对接，实现人员进入库区时设备自动停机和锁定，从而有效降低作业人员的安全风险。该装置具有实施周期短、费用低、不影响正常作业等优点，为解决高架库安全问题提供了一种有效途径。

11.2.2.3 思政要点

在工业生产中，安全装置的研发和应用不仅是技术的体现，更是对工人生命安全的承诺和对社会责任的实践。安全装置作为防范事故的重要手段，承载着保护操作者生命安全的关键功能。职业担当要求企业和研发机构深刻理解设备运作中的潜在风险，设计出符合实际需求的安全装置，同时确保这些装置能够在复杂环境下稳定运行。它不仅体现在技术上的精益求精，还体现在对用户安全需求的高度重视。这种担当在现代工业文明中尤为重要，因为它不仅能够避免事故发生，更能够为企业树立良好的社会责任形象，推动行业安全标准的不断提升。

联锁系统的设计不仅需要满足操作的便捷性，还需要具备高度的可靠性和适应性，以应对多种复杂的工业环境。职业担当体现在联锁装置中，要求设计者和制造者对设备的危险源有深刻理解，并能针对设备特性提供量身定制的解决方案。同时，这种装置需要具备高效、安全、易用的特点，以满足生产操作的实际需求。基于独立式 PLC 研发的高架库安全联锁装置，正是职业担当的优秀体现，这种针对烟草行业特点定制的解决方案，不仅解决了高架库存在无联锁装置的问题，也为烟草行业的工业安全提供了可借鉴的标杆。

所以，作为社会的一分子，应该深刻理解并始终践行职业担当精神，要增强职业担当意识，提升社会责任感，在日常工作中贯彻党和政府关于安全生产的政策，始终把人民生命安全放在首位，落实好每一个细节，推进技术的进步与人们的生命健康和谐发展，为维护社会的美好环境提供坚实的基础保障。

11.2.3 【案例】安全装置损坏 ◆ 公共安全

11.2.3.1 事故案例

2020年9月24日，某建筑材料公司的蒸压釜在加气混凝土砌块生产过程中发生爆炸事故。该设备于当日上午正常完成1 MPa压力下的3 h保压作业并安全泄压，但中午再次加压至同等压力保压10 min后突发爆炸。爆炸导致釜盖与釜体南北分离飞射，分别贯穿厂房及办公区，其中釜盖北飞102 m击穿多道墙体，釜体南移88 m造成车间及办公楼结构性损毁。事故共致4人死亡、3人受伤，直接经济损失575.5万元。调查发现，安全联锁装置损坏是事故关键因素，未能有效预防事故发生。

11.2.3.2 事故原因分析

这起事故的直接原因是安全联锁装置损坏失效，设备运行过程中釜盖发生周向滑动并滑脱蒸压釜，釜内蒸汽迅速外泄造成爆炸致人伤亡事故。事故暴露出企业对关键安全装置的维护严重失责，反映出公共安全意识的系统性缺失。安全联锁装置作为压力容器的核心防护屏障，其失效直接剥夺了事故预防的最终防线，本质上是对安全生产底线的突破。更深层次的问题在于企业安全管理体系的全面溃败：一是对安全装置“功能性失效”的漠视，日常检查流于形式，未能及时发现并修复损坏的联锁系统；二是将生产效率凌驾于安全规范之上，在明知设备存在隐患的情况下仍冒险加压运行，形成“带病作业”的恶性循环；三是忽视安全装置对公共安全的辐射效应——爆炸不仅造成厂内人员伤亡，釜体飞射更击穿厂房、办公楼及相邻企业建筑，使事故对公共安全产生了威胁。

11.2.3.3 思政要点

公共安全不仅关乎企业员工的生命安全，更是整个社会稳定与发展的基础。企业在追求生产效率和经济利益时，必须首先考虑员工的安全和社会的整体安全。蒸压釜事故暴露了企业在安全管理方面的严重漏洞，尤其是安全设施的缺失和管理制度的疏漏。联锁装置本应作为防止意外启动的关键保障，但由于企业对关键安全装置的维护失责，导致了事故发生。此举不仅夺走了员工的宝贵生命，还向社会传递了对公共安全不负责任的错误信号。安全设施的缺失使得企业的生产活动变得不再安全，直接影响到员工的生命安全，甚至可能威胁到周围社区的安全。企业的社会责任不仅仅是提供工作机会和经济回报，更重要的是要保证员工的安全，避免任何可能危及公共安全的隐患。

安全管理是一个涉及社会各界共同责任的问题。国家和政府通过制定严格的法律法规和标准，推动企业落实安全管理措施，确保社会公众免受潜在危险的威胁。企业不仅要遵循法律法规，更要主动履行社会责任，采取切实有效的措施保障员工和社会的安全。设计者和管理者应从全局的角度考虑安全问题，在设备设计、设施配备、操作流程等各方面都要严格按照安全标准执行，以最大限度地保障生产环境的安全性。公共安全的保障需要企业、政府、设计者和每个社会成员的共同参与，只有这样才能形成强大的合力，避免类似悲剧的发生，并为社会提供一个更加稳定、安全的生活和工作环境。

总而言之，应该始终将公共安全放在首位，推动企业和社会共同承担起对安全生产的责任。党的方针政策强调保障人民的生命安全是政府的首要任务，企业和社会成员也应当承担相应的责任。要树立全局观和责任意识，不仅要关注经济效益，还要确保生产过程中的每一环节都符合安全要求。同时企业应当加强对员工的安全培训，优化安全设施和管理流程，确保每一项安全措施得到落实，为公共安全献出一份力。

11.3 防护装置设计

11.3.1 概述

11.3.1.1 防护装置设计的意义与原则

防护装置设计是指为了保障人员在工业生产和机械操作中的安全，针对设备或生产系统的危险区域或危险行为，通过技术手段和设计理念研发的防护结构或系统。其目的在于防止人身伤害、降低事故发生概率，确保设备运行的安全性和可靠性。这一设计的核心在于为机械设备的危险区域提供有效保护，并减少因误操作或设备故障带来的伤害风险。防护装置的设计体现了以人为本的理念，其存在不仅是法律和行业标准的要求，更是现代工业对生命尊重与职业安全高度重视的体现。

防护装置设计应优先通过消除或降低设备本身的危险性来实现安全。在设备的设计阶段应该充分识别潜在的危险源，并通过优化设备结构和运行方式来降低风险，相比于事后增加防护措施、消除危险源或优化设备的设计结构能够从根本上提升安全性。同时，防护装置设计应充分考虑人机工程学要求，确保操作人员在使用设备时保持舒适和高效。防护装置的高度、尺寸和操作方式应与人体结构相适应，避免因设计不合理导致使用中的疲劳、不适或误操作。防护装置的设计与制造还必须符合相关法律法规和标准的要求。

11.3.1.2 防护装置设计要求

(1) 所有防护装置在设计阶段必须对设备操作中可能出现的可预见危险进行全面考虑，确保防护装置在实现保护功能的同时，不会因设计或制造问题产生新的危险。

(2) 防护装置的设计应确保其不会与机器或其他防护装置的部件共同构成危险区域，如挤压区或夹持区，从而杜绝因防护装置本身引发的风险。

(3) 防护装置应具备足够的耐用性，确保在机器的整个使用寿命期间能够稳定执行其保护功能。同时，对于可能因使用而性能下降的零部件，应设计成易于更换的形式，以确保装置功能的持续性。

(4) 防护装置的设计应避免因其结构存留物质或材料（如食品颗粒、污液等）而产生卫生隐患，特别是在卫生条件要求较高的场景中，这一设计考虑尤为重要。

(5) 在食品和药品加工等对卫生要求极高的应用场景中，防护装置的设计不仅需要确保安全性，还应尽量简化清洗过程，便于维护和保持设备的清洁状态。

(6) 在某些特殊工艺要求的场合（如食品、药品加工及电子制造等工业领域），防护装置的设计还需考虑加工过程中可能产生的污物，并具备将其有效排放或清除的功能，以维持工艺环境的清洁。

11.3.2 【案例】常见防护装置 ◆ 产业需求

11.3.2.1 常见的防护装置

防护装置是用屏护方法使人体与生产危险相隔离的装置。生产中的危险部分包括操作时可能接触到机器设备的运转部分，加工材料碎屑可能飞出的地方，机器设备上容易被触及的带电部分、高温部分和辐射热地带，以及厂院、工作场所可能引起坠落、跌伤的地方等。其防护装置是根据隔离危险因素原理创造的，对预防伤亡事故的发生起着重要的作用。在机器设备的设计、制造、安装、验收和使用过程中，都应同时考虑设置必要的安全装置。通常采用壳、罩、屏、门、盖、栅栏、封闭式装置等作为物体障碍，将人与危险隔离。例如，用金属铸造或金属板焊接的防护箱罩，一般用于齿轮传动或传输距离不大的传动装置的防护；金属骨架和金属网制成防护网，常用于皮带传动装置的防护；栅栏式防护适用于防护范围比较大的场合或作为移动机械临时作业的现场防护。

11.3.2.2 常见防护装置举例：机械设备的防护装置

机械设备是生产中最常见的设备之一，它的防护装置也分为很多种，最常见的有固定式防护装置、封闭式防护装置、距离防护装置、活动式防护装置、联锁防护装置等。固定式防护装置是按一定方式保持在应有位置（即关闭）的防护装置，永久固定或借助紧固件（螺钉、螺栓等）固定，不用工具不可能拆除或打开；而封闭式防护装置是防止从各个方向进入危险区的防护装置，如图 11-7 所示；距离防护装置是一种不完全封闭危险区的防护装置，但它能靠其尺寸的功能和其与危险区的距离防止或减少进入危险区，如周围栅栏或通道式防护装置，如图 11-8 所示；活动式防护装置一般是指通过机械方法（如铰链、滑道）与机器构架或邻近的固定元件相连接并且不用工具就可以打开的防护装置，如图 11-9 所示。除此之外，机械设备上还经常安装安全触边、安全垫、安全限位开关等安全装置以保证操作人员的安全。

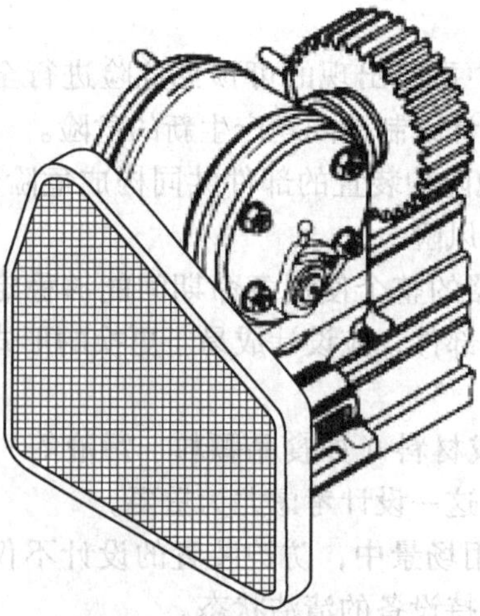

图 11-7 完全防止进入传动机械的封闭式防护装置

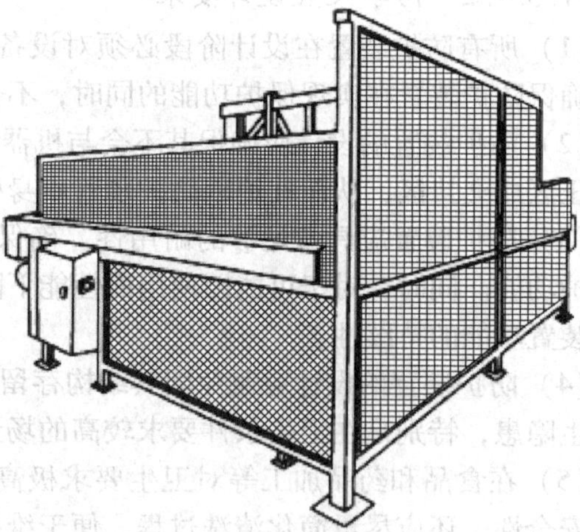

图 11-8 距离防护装置

11.3.2.3 思政要点

在现代工业生产中，随着科技的进步和产业结构的优化，企业对机械设备的需求不断增加，而安全人机工程学的应用则成为提高生产效率和保障工人安全的关键因素。各类防护装置的合理配置不仅能有效减少安全事故，还能提高设备的可靠性，降低企业的运营风险。在全球制造业升级的大背景下，智能化、自动化生产逐步取代传统的人工操作，这对机械设备的安全性提出了更高的要求。无论是固定式、封闭式、活动式防护装置，还是连锁系统和限位开关，它们的合理运用都是产业高质量发展的必要保障。特别是在高危行业，如化工、冶金、建筑等领域，先进的安全防护技术已成为企业稳定运营的基本条件。因此，产业需求不仅推动了机械设备的不断升级，也促进了安全防护装置的创新，使生产模式更加智能化、系统化，确保作业人员能够在安全的环境下高效工作。

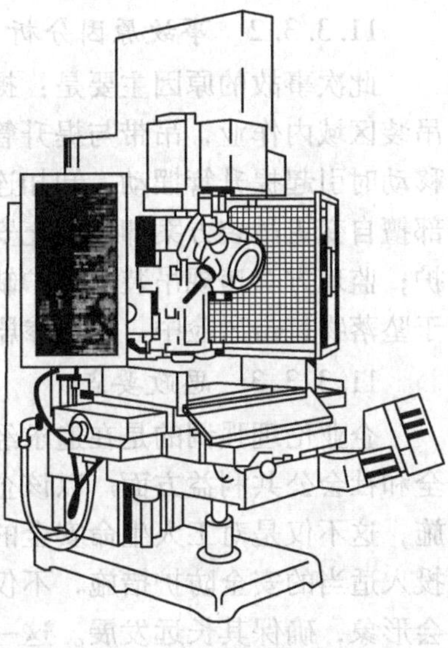
图 11-9 铰链型连锁防护装置（关闭时，危险区域被封闭）

从国家层面来看，我国正大力推动制造业向智能制造和高端制造转型，而安全防护装置的优化是这一进程的重要组成部分。政府在"十四五"规划和《中国制造 2025》中，明确提出要提升装备制造业的自主创新能力，同时加强安全生产监管，强化企业安全责任。机械防护装置作为企业生产体系中的重要一环，其标准化、智能化升级不仅有助于提升产业安全水平，还能增强我国制造业在全球市场中的竞争力。此外，随着国家对劳动者权益的保护力度不断加大，企业的安全管理水平也成为衡量其社会责任的重要指标。未来，企业应更加注重安全技术的研发和应用，以适应现代产业发展的需求，同时满足国家政策导向，推动社会整体安全生产水平的提升。

综上所述，应该充分认识到，产业发展不仅需要技术创新和生产效率的提升，更离不开完善的安全防护体系。党和政府始终强调"安全生产"与"高质量发展"并重，推动企业在技术升级的同时强化安全管理。要强化安全意识，关注行业发展趋势，支持国家在安全生产领域的政策实施。企业应主动投入资源进行安全技术研发，而政府要加强监管力度，促进产业安全升级。每个人都应发挥自身作用，为国家产业转型和人民生命安全贡献智慧和力量。

11.3.3 【案例】安全防护不当 ◆ 企业伦理

11.3.3.1 事故案例

油田设备种类多，使用场所广泛，若安全防护不到位就会引发安全生产事故。在 2018 年 11 月 2 日 8 时 55 分左右，某公司使用 650 t 履带起重机吊装提升管，因提升管未能从 62 m 最高处顺利吊入框架内部，履带吊向后移动调整位置，吊带与发生摆动的管口边缘摩擦造成断裂，提升管坠落砸中地面已组装的钢结构横梁，正在下方施工的 3 名电焊工被倒下的横梁击中，造成 1 人死亡，2 人轻伤。

11.3.3.2 事故原因分析

此次事故的原因主要是：提升管吊至62 m高空时，3名电焊工和4名铆工违规进入吊装区域内作业，吊带与提升管管口边缘处未加衬垫等安全防护措施，650 t履带吊向后移动时引起提升管摆动，卸扣连接处的吊带与管口边缘摩擦，致使吊带断裂。同时，项目部擅自变更吊装方案却未补充安全评估，未办理作业许可即冒险施工，交叉作业无协调防护；监理方对违规吊装及防护缺失全程失察。最终，多重防护失效叠加，使人员直接暴露于坠落物打击风险中，酿成惨剧。

11.3.3.3 思政要点

企业伦理强调的是在追求经济利益的同时，必须履行社会责任，特别是在保障员工安全和社会公共利益方面。以该企业发生的悲剧为例，企业未按照规范要求设置安全防护措施，这不仅是对工人生命安全的极大忽视，更反映了企业在防护装置投入上的不负责任。投入适当的安全防护措施，不仅能避免生产事故发生，减少人员伤亡，还能提升企业的社会形象，确保其长远发展。这一现象反映了社会主义市场经济中"经济效益与社会效益统一"的伦理原则，要求企业在追求利润的同时，确保公共安全和员工利益的优先。

然而，一些企业会为了降低成本，忽视了防护装置的安装和维护，甚至采取违规手段简化安全设施，这种行为不仅违背了企业的社会责任，也暴露了资本逐利性的固有问题。马克思在批判资本主义时指出，资本的逐利性往往忽视了人类社会的公共利益和劳动者的基本安全保障。在社会主义制度下，企业应超越单纯的利润追求，注重对社会公益的贡献，尤其是保障员工的生命安全和健康。国家对企业的监管和引导应当更加注重安全生产领域，推动企业在确保生产效率的同时，必须为社会的整体安全和稳定负责。

为此，应该认识到，企业的安全责任不仅仅是为了保护员工的生命，更是为了整个社会的稳定与发展。党和政府在推动经济高质量发展的同时，也要求企业树立正确的社会责任观念。要深刻理解这一责任，在追求经济效益的同时，落实安全生产、投资防护设施，确保每一位员工在安全的环境中工作。同时推动企业在技术、管理、设施等方面的全面安全保障，以确保每一位员工的生命健康，助力国家社会的长远发展。

习题与思考题

11-1 事故成因分析的定义是什么？

11-2 列举常用的事故原因综合分析图。

11-3 结合事故树分析法和鱼骨图工具，以某化工企业储罐泄漏事故为案例，提出3项预防措施，说明如何通过"党政同责、一岗双责"制度强化企业主体责任，并设计包含"智慧安监平台"和"员工安全信用体系"的监管创新方案，体现国家治理能力现代化要求。

11-4 针对钢铁行业高温熔融金属作业岗位，基于《中国制造2025》要求，试着设计一套智能联锁防护系统，说明其如何通过"双预防机制"（风险分级管控+隐患排查治理）消除机械伤害与高温灼烫风险。

12 人机系统总体设计

【本章导语】

人机系统总体设计是统筹人、机、环境三要素的系统工程。本章通过设计程序解析、典型案例剖析与思政分析，阐释系统化的设计理念，强化读者的技术伦理意识与社会责任担当。

【学习目标】

❖ 掌握人机系统设计程序、功能分配与界面优化方法。

❖ 能运用人机系统评价方法分析案例中的安全风险。

❖ 理解安全性设计原则与可靠性分析，提升职业素养。

12.1 人机系统总体设计程序与要点

12.1.1 概述

人机系统包括人、机和环境 3 个组成部分，它们相互联系构成一个整体。人机系统作为一个完整的概念，表达了人机系统设计的对象和范围。人机工程学的主要研究对象是“系统中的人”，人是属于特定系统的一个组成部分。但人机工程学并非孤立地研究人，还同时研究系统的其他组成部分，以便根据人的特性和能力，来设计和改造系统。

12.1.1.1 人机系统总体设计概念

人机系统总体设计又称为 TSD（total system design）设计法，其中心设计思想是：系统设计必须分一系列具有明确意义的设计阶段，而每个阶段的设计活动和任务必须是明确的。这是典型的系统化解决问题的策略。“总体”的意义是强调人机系统的各个成分，如人、硬件、软件，都要给予全面的考虑，以克服长期以来工程设计忽视人和人的效能问题。人机系统总体设计的目标是使系统的每个成分都为实现系统目标而能够协调一致地发挥各自的功能。良好的系统设计必须以两个主要原则为基础：（1）明确定义“问题”；（2）制定和实施某种策略来寻找解决问题的满意方案。

12.1.1.2 人机系统的设计程序

人机系统设计的每一阶段都是由互相联系的一系列设计活动组成，而各个阶段之间具有时间上的顺序性，即只有上一阶段的设计活动完成后才能进行下一阶段的设计活动。这就构成了人机系统的设计程序，通常可分为以下几个阶段：

（1）定义系统目标和参数阶段。包括确定使用者的需求、使用者的特性、群体的组织特性、作业方式、作业效能的测量参数及测试方法。

（2）系统定义阶段。包括定义功能要求和操作（作业）要求。

（3）初步设计阶段。包括功能分配、作业流程设计和作业反馈机制设计。

（4）机界面设计阶段。包括显示装置设计、控制装置设计和作业空间设计。

（5）作业辅助设计阶段。包括制定使用者素质要求、设计操作手册、设计作业辅助手段和设计培训方案。

（6）系统评价阶段。包括制定评价标准、实施评价和做评价结论。

12.1.1.3 设计目标与原则

人机环境系统的研究，是以人为主导来详细分析人和机器的相互作用，以及作业环境的变化，决定系统整体效率的规律。

随着科学技术的发展，人的作业向机械化、自动化发展，作业条件或作业环境也相应变化，只有系统中各个部分相互关系匹配时，才能使整个系统达到最优状态。为了提高系统的整体效能，除了机器系统的各组成部分，应适合于人的生理心理特征以外，还必须解决人与机器间的合理分工和相互配合的问题，因此需要了解人机关系。

12.1.2 【案例】闭环人机系统 ◆ 协同与共享发展

12.1.2.1 人机系统的分类

在人机系统中，由于人与机器所处地位和作用不同，可将人机系统分为以下几种类型。

（1）按有无反馈分类，可分为开环人机系统和闭环人机系统。开环人机系统是指系统中没有反馈回路，或输出过程也可提供反馈的信息，但无法用这些信息进一步直接控制操作，即系统的输出对系统的控制作用没有直接影响。而闭环人机系统是指系统有封闭的反馈回路，输出对控制作用有直接影响。

（2）按系统自动化程度分类，可分为人工操作人机系统（这类系统的效率主要取决于人）、半自动化（机械化）人机系统和自动化人机系统。

（3）按人机结合方式分类，可分为人机串联、人机并联和人与机串并混联3种类型。

12.1.2.2 闭环人机系统实例

自动温控恒湿系统是一个典型的闭环人机系统，该系统自动化程度高，是一个自动闭环人机系统。该系统通常配置有感应器，环境感应器会监测室内温度和湿度，并将数据反馈给控制系统。而控制系统包括主控制器和执行器。主控制器接收环境感应器的数据，并根据预设的温湿度范围进行决策。执行器可以是空调、加湿器或除湿器等设备，根据主控制器的指令来调节室内温湿度。该系统的反馈回路为当环境感应器监测到室内温湿度超出预设范围时，反馈给主控制器，主控制器根据反馈信息调节执行器的操作，以使室内温湿度保持在合适的范围内。该系统采用人与机串并联的结合方式，用户可以通过控制面板设置所需的温湿度参数，也可以手动开启或关闭执行器。而一旦设定温湿度范围，系统会自动调节执行器以维持恒定的温湿度。

12.1.2.3 思政要点

闭环人机系统的核心是人与机器之间的协同工作，这种设计理念不仅促进了工作效率的提升，也为社会的共享发展和协同进步提供了新的思路。通过优化信息流和工作流，各种系统和设备能够在不干扰彼此的情况下，实现高效运行。例如，自动温控恒湿系统通过感应器、主控制器和执行器的有序协作，能够根据环境变化自动调节设备，以保持温湿度在预设范围内，确保用户能够享受到舒适的环境。人与机器的协同工作确保了设备的稳定性和用户需求的精准对接，这种自动化、高效的工作方式使得个体和集体的利益最大化，推动了社会的更加高效、智能地运作。

这一设计理念的应用不仅限于个别设备或行业，它与共享经济的理念不谋而合。在共享经济中，个人和集体共同受益，通过优化资源配置，所有参与者都能够获得更多的价值。同样，闭环人机系统通过高效地协作和资源共享，使得个体可以在舒适、高效的环境中工作和生活，从而实现社会资源的最优利用。这种系统化的协同工作，不仅仅依靠技术的创新，更需要政府、企业和社会的共同努力。通过促进各方的协作和共享发展，可以推动社会的公平进步和可持续发展，确保各方利益最大化，推动社会向着更加智能、和谐的方向发展。

因此，应该从协同与共享发展的角度，积极推动技术创新和系统优化，让每一个人都能在高效、安全、智能的环境中生活和工作。党和政府在推动社会现代化进程中，强调共享发展与社会公平的结合，确保所有社会成员能够享受到发展的成果。作为个人和集体的一部分，要积极响应国家的号召，推动智能技术的发展与应用，不仅提升经济效益，也要实现社会效益的共享。

12.1.3 【案例】驾驶辅助系统 ◆ 技术引领

12.1.3.1 人机系统总体设计要点

人机系统的显著特点是，对于系统中人、机和环境3个组成要素，不单纯追求某一个要素的最优，而是在总体上、系统级的最高层次上正确地解决好人机功能分配、人机关系匹配和人机界面合理3个基本问题，以求得满足系统总体目标的优化方案。因此，应该掌握总体设计的要点。

（1）人机功能分配。在人机系统中，充分发挥人与机械各自的特长，互补所短，以达到人机系统整体的最佳效率与总体功能。对人和机器的特性的分析比较，见表12-1。

表12-1 人与机器的特性比较

能力种类	人的特性	机器的特性
物理方面的功率（能）	受身体结构和生理特性的限制，可使用的力量小，输出功率有限，但能进行精细调整	能输出极大和极小的功率，但不能像人手那样进行精细调整
计算能力	计算速度慢，常出差错，但能巧妙地修正错误	计算速度快，能够正确地进行计算，但不会修正错误
记忆容量	能够实现大容量的、长期的记忆，并能实现同时和几个对象联系	能进行大容量的数据记忆和取出
反应时间	最小值为200 ms	反应时间可达微秒级
通道	只能单通道	能够进行多通道的复杂动作
监控	难以监控偶然发生的事件	监控能力很强
操作内容	超精密重复操作易出差错，可靠性较低	能够连续进行超精密的重复操作和按程序常规操作，可靠性较高
手指的能力	能够进行非常细致而灵活快速的动作	只能进行特定的工作

续表 12-1

能力种类	人的特性	机器的特性
图形识别	图形识别能力强	图形识别能力弱
预测能力	对事物的发展能作出相应的预测	预测能力有很大的局限性
经验性	能够从经验中发现规律性的东西，并能够根据经验进行修正总结	不能自动归纳经验
创造能力	具有创造能力，能够对各种问题具有全新的、完全不同的见解，具有发现特殊原理或关键措施的能力	完全没有自发的创造能力，但可以在程序功能的范围内进行一定的创造性工作
随机应变能力	有随机应变的能力	无随机应变的能力
高噪声特性	在高噪声的环境下能够检出需要的信号	在高噪声的环境下很难正确无误地接收信号
多样性	能够通过知觉从许多目标中找出真正的目标	只能发现特定目标
适应性	能够处理完全出乎意料的事件，如设备功能出现异常或周围环境异常时，均能想出应对的办法	只能处理既定的事件
耐久性、可维修性和持续性	需要适当的休息、休养、保健、娱乐很难长时间保持紧张状态不适于从事刺激性小、重复、单调乏味的作业	根据成本而定。设计合理的机器对既定的作业有良好的耐久性需要适当的维修保养能可靠地完成单调的、重复性的作业
归纳能力	能够从特定的情况推出一般的结论，即具有归纳思维能力	只能理解特定的事物
学习能力	具有很强的学习能力，能阅读和接受口头指令，灵活性很强	学习能力较低，灵活性差
视觉	视觉范围有一定限制，可感受波长为视觉 400~780 nm 的可见光，能够识别物体的位置、色彩和物体的移动	能够在视觉范围以外用红外线和其他电磁波工作
环境条件	环境条件要求舒适，但对特定的环境条件能很快适应	可耐恶劣的环境，能在放射性、尘埃、有毒气体、噪声、黑暗、强风、大雨等条件下工作
成本	除工资外，还需要有福利和对家庭的照顾，如果万一发生灾害事故，可能丧失生命	购置费、运转费和保养费机器万一不能使用，也只失去机器本身的价值

（2）人机匹配。在复杂的人机系统中，人是一个子系统，为使人机系统总体效能最优，必须使机械设备与操作者之间达到最佳的配合，即达到最佳的人机匹配。要选用最有利于发挥人的能力、提高人的操作可靠性的匹配方式来进行设计。

（3）人机界面设计。人机界面设计主要是指显示、控制，以及它们之间的关系的设计，必须解决好两个主要问题，即人控制机械和人接收信息。

12.1.3.2 小鹏 XNGP 智能辅助驾驶系统

小鹏 XNGP 智能辅助驾驶系统是一种面向复杂城市路况的辅助驾驶方案，支持高速路段、城市主干道及部分园区场景，可实现自动跟车、车道保持、变道超车、避障绕行等功能。系统由三部分协同运作：驾驶员通过触屏或语音指令激活功能，并通过界面实时查看环境信息，系统会监测驾驶员注意力状态并在必要时提醒接管；车辆硬件搭载多种传感器与摄像头，结合深度学习算法，实时解析道路标志、车辆动态及周边障碍物；交互设计注重自然流畅，例如变道时需驾驶员轻拨转向灯，系统随即自动完成操作，并通过声音与屏幕提示反馈结果。该系统针对本土道路特点优化，例如应对加塞车辆、无信号灯路口等场景，整体强调安全冗余与操作便捷性。

12.1.3.3 思政要点

小鹏 XNGP 智能辅助驾驶系统作为一个典型的人机系统，展示了现代技术如何推动社会进步并改变传统行业的运作模式。该系统将人类驾驶员与高科技计算机系统有机结合，实现了自动驾驶、自动保持车道、自动变道等功能，显著提高了驾驶的便捷性和安全性。这一系统不仅提升了驾驶效率，还能在复杂的驾驶场景中为驾驶员提供实时反馈和帮助，体现了科技如何提升社会生产力和改变人们的生活方式。特别是在高科技领域的创新应用，如自动驾驶技术，带来了交通方式的变革，进一步推动了智能交通系统的完善。这一技术的普及，不仅能够提高交通安全性，减少人为驾驶错误，还能为社会提供更加智能、高效的出行方式，极大地提升了社会的整体效率。

与此同时，技术的发展不仅仅是提升企业效益的工具，更是服务社会、改善人民生活的核心力量。小鹏智能辅助驾驶系统的成功应用，体现了技术对社会生活质量的提升和对社会问题的解决能力。通过自动化、智能化系统的普及，社会的生产力水平得以提高，同时为人类提供了更便捷、更智能的生活方式。以此为基础，科技创新对全球社会的影响也变得越来越深远，它促进了各个行业的升级转型，推动了社会的可持续发展和创新发展。科技不仅是推动生产力提升的重要因素，也为全球的经济和社会结构带来了深刻的变革，从而推动全球社会进入更加智能化、信息化的新时代。党的政策始终强调科技创新在国家发展的核心地位，推动经济社会高质量发展。

所以，应该进一步推动技术创新和应用，拥抱新技术，积极学习和应用新兴科技，不仅要在个人生活中享受科技带来的便捷，还要在自己的行业中积极推动技术应用，以提升整体社会效率。政府应加强对科技创新的引导与支持，鼓励企业研发创新，推动社会生产力和生活水平的进一步提高。通过共同努力，为国家的科技发展乃至全球社会的可持续发展贡献力量。

12.2 人机系统总体设计方法与评价

12.2.1 概述

12.2.1.1 概念与定义

人机系统总体设计方法包括自成体系的设计思想和与之相应的设计技术，是设计研究的主要内容之一。好的设计方法和策略，使设计行为科学化、系统化，获得高效的设计管理。其主要关注于如何将人与机器有效地结合，以形成一个高效、安全且用户友好的系统。设计方法的合理运用，可以确保系统设计能够有效应对复杂的现实需求，满足多方利益相关者的要求，并为系统的最终成功奠定基础。方法的核心在于如何将人、机器以及它们所处的环境有机地结合在一起，以形成一个高效、安全且用户友好的系统。在人机系统的总体设计过程中，需要深入理解人与机器之间的交互机制，优化它们在功能分配、任务协调和工作流程中的表现。

人机系统总体设计评价是指对一个由人和机器组成的系统进行全面的分析和评估，以确定该系统设计是否满足既定的目标、标准和要求。人机系统的评价方法是对所设计人机系统进行评价的工具，有利于发现设计差错和改进设计。这一评价过程贯穿系统设计的各个阶段，包括从设计概念验证到最终应用的全流程。评价内容主要包括系统的功能有效性、安全性、可靠性、易用性和环境适应性等方面。人机系统评价对人、机、环境三要素整体评价包括：确定评价方法、目标和标准；依据既定的评价程序和方法，依据评价指标，找出系统的最优方案和最佳工作条件；当无法达到预期目标时，对方案进行最优化的修订。评价目标包括：技术评价目标、经济评价目标、社会评价目标。

12.2.1.2 人机系统总体设计方法的要点

A 功能分析与分配

（1）功能化的设计思维：将系统的工作与其工作机制分开，为不同领域的科学家提供共同的语言。

（2）功能分析：即功能的描述、确定和分解系统功能。

（3）功能分配：按照系统的优化，合理地进行功能分配，分配的原则包含比较分配原则、剩余分配原则、经济分配原则、宜人分配原则、弹性分配原则。

（4）功能流程图：描述系统、系统功能以及各个功能之间的关系。

B 作业分析

作业分析是指对已分配人的功能进行的分析，目的是使作业与作业者之间建立协调一致的关系。每一项作业都必须事先有计划，作业者必须得到明确的书面指导。这种指导文件必须说明作业者要做什么、怎样做、什么时间完成。作业分析包括确定系统作业结构、确定作业、编制作业流程图、建作业序4个主要部分。

C 作业辅助

作业辅助是指一种“信息装置”或文件，它包含作业者作业时使用的信息。作业辅助只在作业过程中使用，因此它与培训材料是不同的，但作业辅助与培训材料必须是协调的、互不矛盾的。常用的作业辅助有两类：记忆辅助类、作业步骤类。作业辅助设计需考虑的问题：什么作业者作业（知识、技能、阅读能力等）、什么时间、如何作业作业的环境条件、地点等。

12.2.2 【案例】火电厂 ◆ 增进人民福祉

12.2.2.1 发电厂概述及分类

发电厂又称发电站，是将自然界蕴藏的各种一次能源转换为电能（二次能源）的工厂。19世纪末，随着电力需求的增长，人们开始提出建立电力生产中心的设想。随着电机制造技术的发展，电能应用范围的扩大，生产对电的需要的迅速增长，发电厂随之应运而生。发电厂有多种发电途径：靠火力发电的称火电厂，靠水力发电的称水电厂，还有些靠太阳能（光伏）和风力与潮汐发电的电厂以及利用核能来发电的工厂（又称核电厂/核电站）等。当前在电力系统中起主导作用的仍是火力、水力、核能发电厂。

12.2.2.2 发电厂功能流程图——以火电厂为例

如图 12-1 所示，火电厂分为燃烧系统、汽水系统和电气系统三大系统。燃烧系统由输煤、磨煤、燃烧、风烟、灰渣等环节组成，其流程如图 12-2 所示。燃烧系统分为运煤、磨煤、锅炉与燃烧、风烟系统、灰渣系统 5 个部分。而火电厂的汽水系统由锅炉、汽轮机、凝汽器、除氧器、加热器等设备及管道构成，包括凝给水系统、再热系统、回热系统、冷却水（循环水）系统和补水系统，如图 12-3 所示。发电厂的电气系统包括发电机、励磁装置、厂用电系统和升压变电所等，如图 12-4 所示。

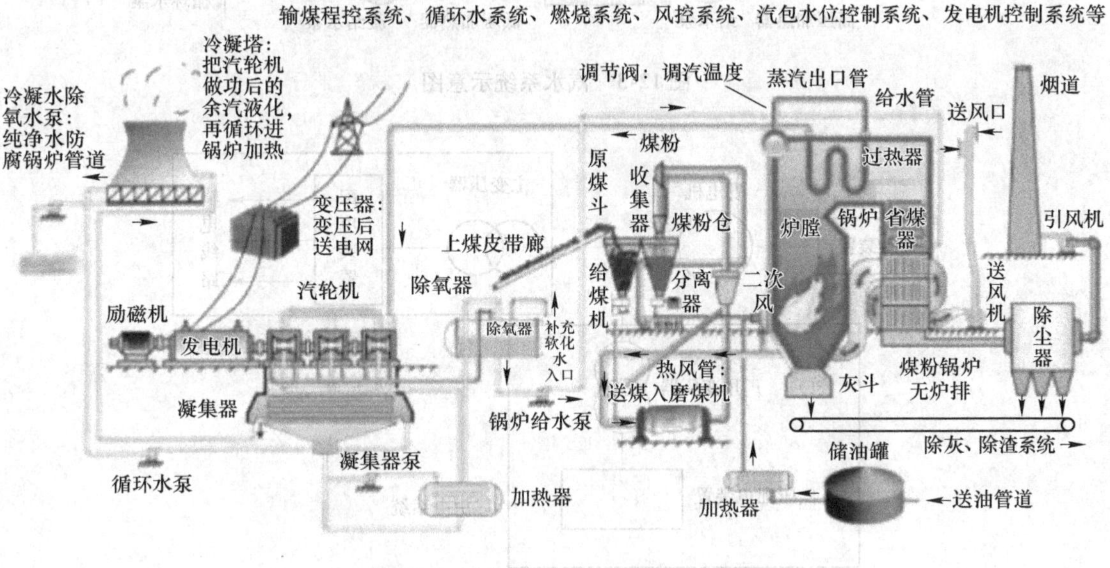

图 12-1 火电厂工艺流程示意图

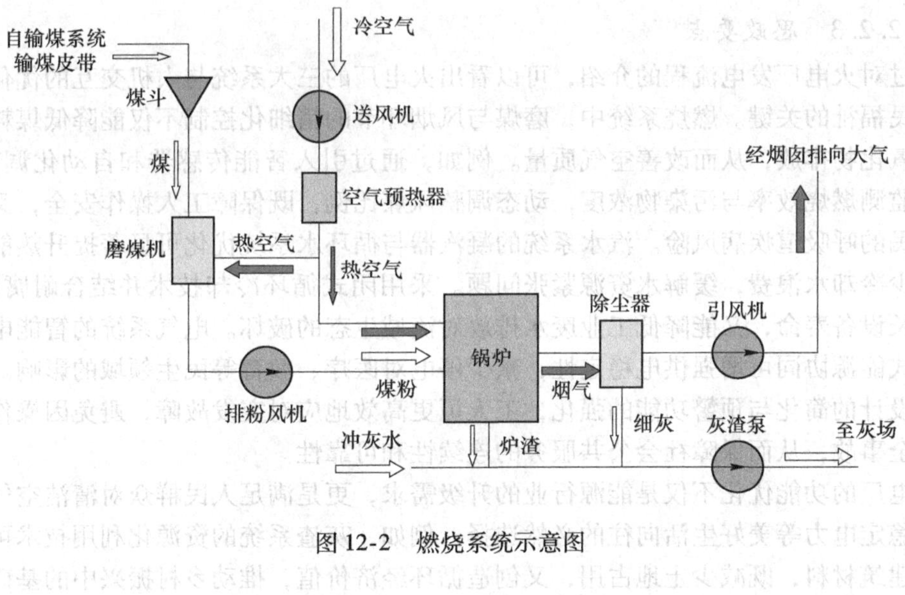

图 12-2 燃烧系统示意图

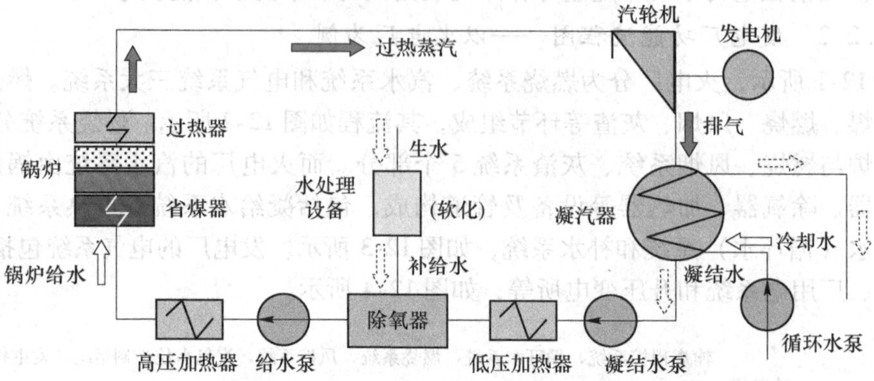

图 12-3 汽水系统示意图

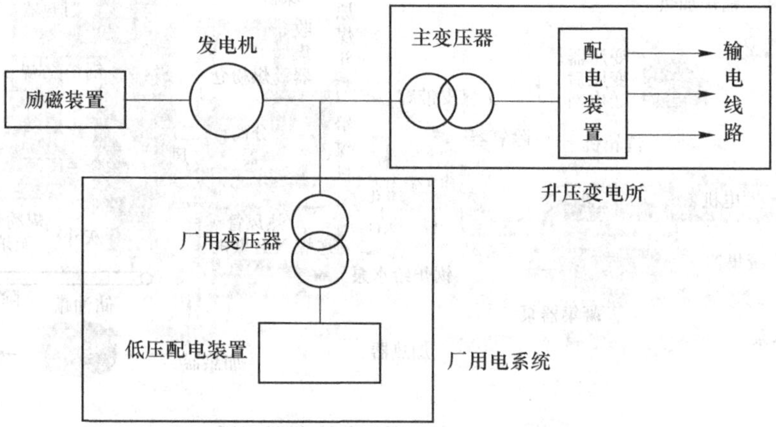

图 12-4 发电厂电气系统示意图

12.2.2.3 思政要点

通过对火电厂发电流程的介绍，可以看出火电厂的三大系统与人机交互的优化设计是提升人民福祉的关键。燃烧系统中，磨煤与风烟环节的精细化控制不仅能降低煤耗，还可减少氮氧化物排放，从而改善空气质量。例如，通过引入智能传感器和自动化调节系统，可实时监测燃烧效率与污染物浓度，动态调整风煤比例，既保障工人操作安全，又降低对周边居民的呼吸道疾病风险。汽水系统的凝汽器与循环水系统优化可显著提升热能利用效率，减少冷却水浪费，缓解水资源紧张问题。采用闭式循环冷却技术并结合耐腐蚀材料，既能延长设备寿命，又能降低工业废水排放对流域生态的破坏。电气系统的智能电网接入与分布式能源协同可增强供电稳定性，减少停电对医疗、教育等民生领域的影响。通过人机界面设计的简化与预警功能的强化，工人可更高效地应对突发故障，避免因操作失误导致的安全事故，从而保障社会公共服务的连续性和可靠性。

火电厂的功能优化不仅是能源行业的升级需求，更是满足人民群众对清洁空气、安全饮水、稳定电力等美好生活向往的必然选择。例如，灰渣系统的资源化利用技术可将废料转化为建筑材料，既减少土地占用，又创造循环经济价值，推动乡村振兴中的基础设施改善。在“双碳”目标下，火电厂的低碳转型既是国家战略的落地实践，也是中国对全球气候治理的责任担当。这一过程要求政府加强政策引导、企业践行社会责任、科研人员突破技术瓶颈，形成多方联动的创新生态。同时，优化人机协作模式需注重工人技能培训与职业健康保护，体现社会主义制度对劳动者权益的尊重与保障，进一步筑牢社会和谐稳定的根基。

综上所述，应该深刻认识到，技术革新与人民福祉的紧密关联是中国特色社会主义道路的鲜明特征。作为新时代的建设者，每个人都是国家发展的参与者与受益者：科研工作者需发扬“工匠精神”，攻克火电厂清洁化、智能化转型中的关键技术难题；青年群体应主动学习绿色技能，投身能源革命浪潮，将个人理想融入国家“双碳”目标；党员干部更需牢记“国之大者”，坚持生态优先、民生为本，推动高质量发展成果全民共享。

12.2.3 【案例】人机系统评价 ◆ 实事求是

12.2.3.1 人机系统评价方法

人机系统的评价方法主要有以下3种。

(1) 校核表评价法，是指利用工效学原理检查构成人机系统各种因素及作业的过程中操作人员的能力、心理和生理反应状况的评价方法。

(2) 工作环境指数评价法，是利用各种指标的评价值，评价人与机、机与机、人与人等相互位置的安排，判断空间布置是否科学合理，以及提出各种改进方案的评价方法。它一般包括空间指数法（密度指数、可行性指数）、可视性指数、会话指数和步行指数4种方法。

(3) 海洛德分析评价法，是利用计算系统的可靠性，分析评价显示器、控制器的配置和安装位置是否会导致人的失误的逻辑推演法，包括人机系统可靠度计算和海洛德分析评价法。

12.2.3.2 人机系统评价方法应用实例

校核表评价法也称为检查表法，用检查表进行评价是一种较为普遍的、初步定性的评价方法。该方法既可用于系统评价，也可用于单元评价。表12-2是使用检查表进行评价的一个例子。

表12-2 某生产线人因工程评价检查表

序号	内容	是	否	不适用	评价说明及结果
1	尽量使作业人员避免不必要的步行或升降运动	√			
2	避免长时间站立		√		处于长期走、站姿势作业
3	不频繁出现前屈姿势		√		频繁弯腰，举升重物
4	作业有足够的空间采取满意姿势	√			
5	有足够的空间变换姿势	√			
6	地面尽量平整，没有凹凸地方	√			水磨石地面，光洁平整
7	地面的硬度、弹性适当		√		水泥地面，长期站走姿势，地面不适
8	升降设备充分宽敞			√	
9	安全通道符合要求	√			

12.2.3.3 思政要点

安全人机工程学中的校核表评价法，本质上是通过系统性检查确保人机系统符合科学规律与操作实际。从“实事求是”的角度看，该方法的核心在于以客观事实和数据为基础，而非主观臆断。同时，评价过程中需结合一线工人的真实反馈，通过问卷调查或生理指标监测（如疲劳度、注意力集中度）验证设计合理性，体现“从实践中来，到实践中去”的科学态度。唯有将法规标准与现场实际紧密结合，才能避免评价流于形式，真正实现“技术服务于人”的宗旨。

校核表评价法的法治化应用，是“依法治国”理念在工程技术领域的具体体现。评价过程的客观公正不仅需要技术标准支撑，更需以法律为底线守护公共利益。例如，在核电等高危行业的人机系统评价中，若为追求经济效益而隐瞒设备缺陷或篡改检测数据，将直接威胁人民生命财产安全，这种行为不仅违背职业道德，更触犯《中华人民共和国安全生产法》等法律条款。因此，技术评价必须坚持“法无授权不可为”的原则，以《中华人民共和国标准化法》《中华人民共和国产品质量法》为框架，确保每一个检查项的结论都可追溯、可验证。这要求工程师在职业活动中始终秉持“敬畏法律、尊重事实”的底线思维，同时政府需加强监管，对评价造假行为实施“零容忍”打击。这种法治与实事求是的深度融合，既是社会主义法治文化的实践要求，也是推动高质量发展、维护社会公平正义的基石。

因此，应该深刻认识到，在人机系统评价中坚持实事求是，是每个公民践行社会主义核心价值观的责任。需以钉钉子精神扎根实践，在数据采集、标准执行中严守法律红线，杜绝“差不多”思维。青年一代更需将“法治理念”融入职业信仰，既做技术创新的先锋，又做社会公正的守护者，以实际行动诠释“科学求真”与“法治求善”的统一。

12.3 人机系统设计中的安全性与可靠性评价

12.3.1 安全性设计原则与风险评估

12.3.1.1 人机系统的安全性设计原则

（1）系统的整体可靠性原则：从人机系统的整体可靠性出发，合理确定人与机器的功能分配，从而设计出经济可靠的人机系统。

（2）高可靠性组成单元要素原则：系统要采用经过检验的、高可靠性单元要素来进行设计。

（3）具有安全系数的设计原则：由于负荷条件和环境因素随时间而变化，所以可靠性也是随时间变化的函数，并且随时间的增加，可靠性在降低。因此，设计的可靠性和有关参数应具有一定的安全系数。

（4）高可靠性方式原则：为提高可靠性，宜采用冗余设计、故障安全装置、自动保险装置等高可靠度结构组合方式。

（5）标准化原则：为减少故障环节，应尽可能简化结构，尽可能采用标准化结构和方式。

（6）高维修度原则：为便于检修故障，且在发生故障时易于快速修复，同时为考虑经济性和备用方便，应采用零件标准化部件通用化、设备系列化的产品。

（7）事先进行试验和进行评价的原则：对于缺乏实践考验和实用经验的材料和方法，必须事先进行试验和科学评价，然后再根据其可靠性和安全性而选用。

（8）预测和预防的原则：要事先对系统及其组成要素的可靠性和安全性进行预测。

（9）人机工程学原则：从正确处理人-机-环境的合理关系出发，采用人类易于使用并且差错较少的方式。

（10）技术经济性原则：不仅要考虑可靠性和安全性，还必须考虑系统的质量因素和输出功能指标。

12.3.1.2 人机系统的安全性风险评估

人机系统的安全性风险评估是一种系统化的方法，用于识别、分析和管理人机交互过程中的潜在安全隐患。其核心是通过全面识别危险源，分析可能发生的故障和风险等级，评估系统在各种环境和操作条件下的安全性和可靠性。这一过程可以借助评估工具对系统薄弱环节进行深入挖掘，同时设计和实施有效的安全措施，确保人在复杂系统中的操作更加安全、稳定和用户友好。简单来说，它就像系统的“安全医生”，通过诊断潜在问题，开出精确的“防护处方”，让系统在运行时少出“意外状况”。

12.3.2 【案例】可靠性分析 ◆ 系统思维与整体观念

12.3.2.1 人机系统的可靠性分析

人机系统的可靠性要把涉及人的各种问题以及环境因素的控制问题纳入可靠性内容当中。对人、机、环境三者及三者之间的相互配合、功能分配、可靠度分配等必须予以认真分析、研究，保证人机系统的整体可靠性要求。

人的可靠性指人在规定条件下成功完成任务并确保人机系统有效运行的能力；机的可靠性指由于设备故障或系统设计不协调引发的事故；环境可靠性则是指系统、设备或人员在特定环境中能稳定运行、不受环境因素负面影响的能力。

人的可靠性分析、机器可靠性分析和环境可靠性分析共同保障人机系统的安全性。人的可靠性研究旨在确保人在发生失误时不会对系统造成严重影响，从而保障人身安全；机器可靠性分析关注设备的性能和故障率，确保其稳定运行；环境可靠性分析则考虑工作环境对人和机器的影响，包括物理和社会环境因素。

12.3.2.2 生产系统中的人机可靠性分析

某公司的下属工厂计划引入自动化设备和机器进行生产，以提高生产效率和产品质量。然而，工厂管理层意识到，人机协同带来的安全问题不容忽视。为了确保人机系统的可靠性和安全性，工厂成立了专门的团队，制定了安全标准和规范，并进行了全面的风险评估。他们建立了故障诊断和预警机制，并进行了系统测试和验证。同时，工厂还加强了对操作人员的培训和管理，确保他们能够正确操作和使用人机系统。通过这些措施，工厂成功实现了人机协同的生产模式，并有效保障了人员和设备的安全。

12.3.2.3 思政要点

该案例深刻体现了系统思维与整体观念的重要性。工厂没有局限于单一系统或模块的优化，而是采用系统思维，从整体生产流程着眼，分析各环节间的相互作用和影响，将人机系统可靠性问题作为整体优化的重要部分。同时，工厂认识到人机系统与其他系统之间的紧密联系，注重系统间的协同与集成，避免信息孤岛和数据不一致问题。在整体观念的引导下，工厂以提升生产效率、产品质量和降低成本为全局目标，着眼于长期发展，追求经济效益、社会效益和环境效益的最大化。通过建立统一的安全标准和规范、进行系统风险评估、建立故障诊断和预警机制、进行系统测试和验证、加强人员培训和管理等一系列措施，工厂不仅关注系统内部结构和功能的优化，还确保了系统的可靠性和安全性。这一系列举措，无不体现了系统思维与整体观念的深度融合。最终，工厂成功优化了智能生产系统，为其他企业提供了宝贵的参考，同时也推动了智能制造领域的健康发展。

综上所述，应该将系统思维转化为全面建成社会主义现代化强国的实践自觉，要深刻认识到：个人的专业深耕唯有嵌入国家发展脉络才能创造最大价值，就像5G技术突破需要材料科学家、通信工程师与政策制定者的协同创新。青年一代要培养“跨界融合”的视野，既钻研核心技术，也关注国际专利规则、产业链安全等系统变量。以“积力之所举则无不胜”的信念，使个人奋斗的浪花汇聚成民族复兴的洪流，为构建人类命运共同体贡献中国智慧。

12.3.3 【案例】安全性评价 ◆ 职业素养

12.3.3.1 人机系统安全性评价方法

人机系统安全性评价方法是一套用于评估人机系统在特定条件下安全性能的系统化方法。其核心在于通过系统化的分析手段，识别潜在的危险源，评估可能的风险等级，并制定改进措施，从而优化系统设计，减少故障发生率。常用的人机系统安全性评价方法包括故障树分析（FTA）、事件树分析（ETA）、人因可靠性分析（HRA）和连接分析法等。故障树分析揭示系统薄弱环节，事件树分析评估不同情境下的安全性，人因可靠性分析识别人为失误并提出改进措施，连接分析法优化系统组件的交互与任务分配。这些方法不仅有助于指导系统的优化设计和操作流程，还能够为日后的维护和改进提供科学依据，从而确保系统的长期安全性、可靠性和用户友好性，是人机系统设计中不可或缺的重要环节。

12.3.3.2 磷矿清洁安全生产的人机环境系统安全性评价

磷是农业生产和化学工业中必不可少的元素。然而，由于矿山事故造成人员伤亡和经济损失的风险，磷矿的清洁安全生产应用面临着严峻考验。为应对这一挑战，有关研究人员建立了由评价指标组成的人机环境体系，并明确了指标的分级标准。通过调查数据和测量函数，获取定性和定量指标的测量值，进而建立单指标测量评价矩阵。采用熵权法和层次分析法等方法确定各指标的权重，最终对磷矿的清洁安全生产等级进行了评价。该研究不仅可以确定磷矿清洁安全生产等级，还可以对提高磷矿清洁安全开采发展水平起到指导作用，此外，还提出了一些有益的建议和措施，以提高开阳磷矿的清洁安全生产等级。

12.3.3.3 思政要点

磷矿清洁安全生产的人机系统评价案例充分展示了专业知识在服务社会中的重要性。研究人员通过熵权法和层次分析法建立科学评价体系，针对矿山作业的安全性和清洁生产开展全面评估。他们不仅帮助企业识别安全隐患，优化生产流程，还为减少矿难事故和资源浪费提供了技术支撑。磷矿作为工业生产中的重要资源，其清洁生产直接关系到矿工生命安全和环境可持续发展。研究人员以专业技术为工具，通过多次验证和完善，确保评价体系的科学性和实用性。这种将专业能力与社会责任深度融合的实践，充分体现了科研工作者的职业素养，他们将“人民至上，生命至上”的理念贯穿于工作中，用实际行动为生态文明建设和社会福祉做出贡献。

此外，该案例还凸显了多学科融合与团队协作在解决复杂社会问题中的关键作用。磷矿安全生产评价涉及安全工程和环境科学等多个领域，研究团队通过整合多方面的专业知识，为绿色矿山建设提供了科学依据。这种多学科协作模式不仅提升了科研工作的效率，也彰显了团队精神在现代科研中的重要性。同时，项目中的技术创新也展示了科技推动绿色发展的巨大潜力。在全球倡导可持续发展的背景下，传统矿业向清洁、高效、安全方向转型是大势所趋。研究团队的实践不仅为传统矿业提供了转型模板，还为保障国家能源安全贡献了力量。

总之，应该深入理解和弘扬科研工作中的职业素养，要勇于担当，发挥创新精神，在工作中加强跨学科的合作与沟通。在为社会福祉和国家发展做出贡献时，保持高度的责任感与使命感，树立为人民服务、为国家需求提供技术支持的责任意识。在新时代的背景下，每个人都应牢记“服务人民”的初心，将自身的专业技术与国家战略需求结合，积极推动社会的可持续发展。

习题与思考题

12-1 人机系统包括哪些组成部分，人机工程学的主要研究对象是什么？

12-2 人机系统的设计程序通常可分为哪几个阶段？

12-3 人机系统的安全性设计原则有哪些？

12-4 在人机系统的设计过程中，功能分配和人机匹配是非常重要的设计要点。在自动化生产线的人机系统设计中，分析如何通过功能分配与匹配体现“共同富裕”发展理念，请从以下角度展开：在核心控制功能分配中，如何平衡机器的高效性与人工的创造性劳动空间？针对不同技能水平的操作人员，如何通过人机界面设计实现机会均等的技能发展通道？当系统出现异常时，如何通过人机协作机制保障劳动者合法权益与企业社会责任的统一？

13 安全人机工程的实践与应用

【本章导语】

本章聚焦显示终端、办公环境及产品设计的实际应用场景，结合案例，剖析如何通过人机系统优化保障健康、提升效率并践行社会责任，推动科技发展与人性化设计的协同创新。

【学习目标】

❖ 掌握安全人机工程学在 VDT 作业、办公空间及产品设计中的应用原则。

❖ 理解人机系统优化对健康防护与生产效率的作用。

❖ 理解人性设计理念，树立产品变革意识。

13.1 视频显示终端（VDT）的安全人机工程学

13.1.1 概述

13.1.1.1 视频显示终端的概念

视频显示终端（visual display terminals，VDT）包括计算机、电视机、打印机、游戏机等的显示装置。这些装置已经在我国各个领域得到了广泛的应用，极大地提高了工作和娱乐效率，其优越性在许多行业中是显而易见的。随着科技的发展，VDT 在各类工作场所和家庭环境中发挥着越来越重要的作用，几乎成为现代生活和工作中不可或缺的一部分。然而，随着 VDT 使用频率的增加，调查发现，许多 VDT 操作者开始出现眼部疲劳、肌肉骨骼不适、头痛、多梦、疲劳等症状，以及出现月经异常和流产先兆等问题。相关研究表明，VDT 的使用还可能对室内空气质量产生负面影响。长时间使用 VDT 会使室内空气中的阴离子浓度减少，臭氧含量较低，空气质量下降。此外，室内外温差过大、不合适的桌椅以及不良的坐姿等因素也是导致 VDT 操作者出现身体不适的重要原因。

13.1.1.2 VDT 对人体健康的影响

（1）对眼睛的影响：VDT 操作可引起视疲劳、视力模糊、调节功能障碍和角膜损害等症状。这些症状主要是由于屏幕的眩光、反光、闪烁和文字的辉度造成的。长时间注视屏幕，频繁调节和适应视觉需求，会导致眼干、眼痛、流泪、视物模糊、复视、视力下降等症状，甚至可能出现前额疼痛和鼻梁处不适。

（2）骨骼肌肉的反应：长时间使用 VDT 可能导致肩颈、前臂和手腕不同程度的疼痛、僵硬、疲劳、痉挛、麻木、活动受限及局部压痛，这种情况被称为颈肩腕综合征或重复紧张型劳损。这些症状主要是由于长时间保持同一姿势操作所致，如腰背痛等慢性颈肩、腕肌肉骨骼损伤。

（3）神经的行为反应：VDT 作业可能导致神经衰弱综合征，表现为头痛、头晕、记忆力减退、多梦等症状。此外，还可能出现焦虑、抑郁、强迫等心理紧张表现。这些症状与 VDT 作业中的电磁辐射、不良照明、非电离辐射、噪声等因素有关。

13.1.2 【案例】VDT 人员健康调查 ◆ 公共健康

13.1.2.1 影响 VDT 操作者健康的人机因素

（1）VDT 本身：VDT 本身的特性和显示缺陷会对操作者产生负面影响，包括电磁辐射、显示质量缺陷（字符显示不稳定、字体模糊、尺寸不适配）、光环境问题（亮度异常、屏前眩光闪烁、分辨率不足）、显示参数异常（色彩失真、对比度不佳）等，这些是影响 VDT 操作者安全与健康的主要因素。

（2）VDT 操作室的环境因素：VDT 作业环境多为空调室，国内曾有研究团队对 VDT 作业室微气候和空气洁净状况进行调查，发现室内外温差较大，这可能是 VDT 操作者易患感冒的原因。有些操作室内的 CO_2 浓度和细菌总数明显超过卫生标准，这是对 VDT 操作者健康的潜在危害因素。

（3）作业姿势的影响：姿势的好坏一般与 VDT 操作者的桌子类型及高度、椅子类型及座高、显示屏与键盘的布局、光照度与视距等因素有关。这些因素的设置不合理会明显影响工作姿势，对人体的健康不利。

13.1.2.2 VDT 作业对操作者健康的影响

为了解 VDT 作业人群的职业病危害，某团队针对广东省汕头市展开了研究，从金融、学校、机关、企事业单位中选择从事 VDT 作业 1 年以上的 583 人为观察组，选择同单位但不接触其他有害因素的非 VDT 作业人员 591 人为对照组。研究结果显示，VDT 作业环境中 CO_2 浓度偏高，噪声偏高，照度偏低，存在低剂量 X 射线等职业危害因素。VDT 作业组在视觉系统、肌肉骨骼系统、神经系统等自觉症状的发生率明显高于对照组，女性 VDT 操作者的月经及妊娠异常率也高于对照组。可知 VDT 作业的职业危害及其因素是多方面的，应制定 VDT 作业的卫生标准。

13.1.2.3 思政要点

随着信息化、数字化时代的到来，VDT 成为各行各业中不可或缺的工具，尤其是在金融、教育、政府机关等领域，长时间使用视频显示终端的情况普遍存在。这些作业环境中的空气质量、照明条件、噪声水平等人机因素直接影响员工的身体健康，造成各种健康问题。对广东省汕头市 VDT 作业人群的研究反映出 VDT 作业对员工健康的多方面影响，揭示了现代职场环境中工作健康管理的重要性。科技和生产力的提高不应以牺牲员工的身心健康为代价，社会需要从各个层面共同关注和解决这些问题。

从社会责任视角看，劳动者的健康权是基本人权的重要组成部分。VDT 作业危害的长期性、累积性特点，要求企业主动优化人机界面设计（如调整屏幕高度、改善照明环境）、制定科学的工间休息制度；政府需加快完善职业卫生法规，将 VDT 作业纳入职业病防治体系；社会应加强健康知识普及，推动公众对职业病的认知与维权意识。这一过程体现了以人民为中心的发展思想，也是落实《“健康中国 2030”规划纲要》战略的关键实践。同时，企业还应定期进行健康检查，关注员工的身心状态，提供必要的健康指导和支持。员工则应自觉提高健康意识，养成良好的工作习惯，避免长时间连续使用 VDT 设备。

因此，应该深刻认识到保障劳动者健康是国家与社会共同的责任，更是高质量发展的基石。作为个人，要提高健康防护意识，主动学习人机工程知识，避免因不良习惯损害身体。唯有将劳动者健康置于首位，才能实现“人人享有健康”的社会愿景，彰显中国特色社会主义制度对人民福祉的庄严承诺。

13.1.3 【案例】健康管理优化 ◆ 热爱生命

13.1.3.1 对VDT操作者健康的防护措施

（1）改善VDT操作室的环境：营造适宜的室内微小气候；保证符合要求的清洁空气，保持清洁无污染；保证空气中有合适的阴阳离子浓度和臭氧浓度。这些措施能有效改善工作环境的舒适度和操作人员的精神状态。

（2）减少VDT的电磁辐射：使用专用的滤色板或防护膜以降低辐射对操作者的影响。

（3）从安全人机工程角度进行设计或改造：用安全人机工程学原理设计工作台椅，使VDT的位置、键盘位置以及椅子高度可调等；设计师应按安全人机工程原理设计荧光屏；设计腕托、脚踏、文件支架等；设计合理的照明；设计放松和伸展肌肉的工间操。

（4）作业者保持合理的作业姿势：正确的坐姿和工作姿势是保护操作人员健康的关键。操作时，应保持背部挺直，眼睛与屏幕之间的距离适中，避免头部过度前倾或躯干扭曲。合理的姿势不仅能减轻身体疲劳，还能预防颈椎、腰椎等部位的健康问题。

（5）对屏前工作者进行从业前的职业检查及工作中的视力检查：进行从业前职业检查和定期视力检查，确保从业者健康，提高职业健康防护意识。

13.1.3.2 VDT作业中的健康管理与作业优化

当今社会在追求高效的工作效率趋势下，长时间高压力的VDT作业使得从业人员的亚健康问题日益严重。研究表明，过度的脑力和体力消耗引起的疲劳是导致亚健康的关键因素之一，长时间注视屏幕导致的视觉疲劳和久坐导致的肌肉骨骼疲劳都会增加脑力负荷，而高脑力负荷又会加剧视觉疲劳和坐姿变化，形成恶性循环。而体力负荷和脑力负荷之间存在显著的交互作用。在低负荷条件下，视觉负荷和肌肉骨骼负荷的增加会协同作用，导致脑力负荷显著增加；而在高负荷条件下，继续增加任一体力负荷并不会显著增加脑力负荷，表明此时脑力负荷达到饱和状态。为了缓解VDT作业中的体力负荷和脑力负荷，可以采取以下措施：调整照明、显示器参数和工作环境以降低视觉疲劳，改善工作姿势和空间布局，选择合适的人体工程学设备减轻肌肉骨骼疲劳，以及合理安排工作和休息时间，避免长时间连续工作，合理分配任务，从而减轻认知负担。

13.1.3.3 思政要点

VDT作业因其广泛的应用和长时间的操作特点，近年来带来了越来越多的健康问题，如眼疲劳、视力下降、肩颈疼痛以及肌肉骨骼疾病等，对操作者的身体健康和生活质量造成了显著影响。针对VDT作业中存在的相关健康问题，企业可以采取一系列科学有效的防护手段，包括优化作业环境（调整照明、改善空气质量、控制温湿度）、采用符合人体工学的设备（如可调节桌椅、腕托和脚踏板）等。这些措施不仅可以从技术层面减少健康风险，更能够彰显对员工生命健康的高度重视，体现了“健康工作，幸福生活”的理念。

这同时也凸显了以人为本的管理理念和社会责任意识。健康是劳动者最基本的权益，也是幸福生活的重要前提条件。企业要通过优化作业条件和提供科学的健康保障措施，切实履行了对劳动者生命和健康的尊重，不仅提升了员工的职业安全感和幸福感，更为社会和谐发展注入了积极的力量。这些措施体现了“生命至上”的核心价值观，强调了工作场所不仅是生产的空间，更是维护和保障生命的空间。对员工健康的保护，是对劳动价值的尊重，是对社会发展温度的赋能。通过这些具体行动，企业不仅实现了生产力的提升，也将尊重和热爱生命的理念融入了管理文化，塑造了人性化与责任感并存的组织形象。

所以，要积极倡导企业和管理者主动将健康保护纳入核心发展战略，创建尊重生命的工作文化，同时加强对员工的健康教育和人文关怀，真正做到让每一位劳动者健康工作、幸福生活。还要以高度的政治责任感和历史使命感，推动全社会形成“生命至上、健康优先”的行动共识。作为企业和管理者，必须主动将劳动者健康保护纳入核心发展战略，将人本理念转化为具体实践。

13.2 办公室的安全人机工程学

13.2.1 概述

在政府机关或企业内部，在管理工作的相互沟通、协调、信息联系、综合平衡、目标决策等方面，办公室是主要工作场地，过去人们比较注重办公室的基建和设备的增加，而现在办公室的安全人机工程学设计已越来越为人们所重视。

13.2.1.1 对办公室安全人机工程学的解析

人机工程学有着广泛的研究领域和方向，而作为人机工程学的一个分支，办公室的安全人机工程学旨在研究办公室内人与工作环境的关系及优化。在现代化办公全面普及的背景下，人仍然是办公室安全人机工程学的核心基础组成部分。因此，任何对于人的健康和安全的损害，都会给企业单位的人力资源造成直接的损失，从而影响相关的工作效率。

办公室的安全人机工程学在考虑人、机、环境之间的相互关系的同时，更将侧重点放到如何让工作和环境去适应人的生理和心理结构特点，而不是强迫人为既定的工作和环境改变自身的生理和心理结构特点，从而大大降低了人受到损伤的风险。在考虑避免人受到损伤的同时，办公室的安全人机工程学还能够有效地清除工作障碍，挖掘员工的潜能，最大限度地推进工作，提高工作效率。

办公室的安全人机工程学研究的主要问题，是在办公室的活动流向、环境条件、工作区域布局、空间分隔与联系、人员设备用具、人与人的活动交流等方面，分析研究其中的人机关系，除了达到提高办公效率、准确性和加强办公管理外，还必须保障办公室人员的健康舒适等目的。

13.2.1.2 办公室的分类与设计

从办公室的职能管理活动来看，基本是两种类型：集中办公（集体办公）和独立式办公（分散办公）。从办公室的平面布置形式可分为大空间式、空间分隔式和独间式等。显然，大空间式和空间分隔式适合于集中式办公，独间式适合于独立式办公。从我国目前情况看，这两种形式都大量存在，由于办公室自动化的迅速发展，大空间式，特别是空间分隔式，将是办公室主要的发展形式。

对办公室管理工作的性质、管理工作人员的主要心理特性与行为方式和作业环境的影响的综合研究结果表明，在集体办公情况下，每个工作人员占用的最小面积为5 m^2，空间为15 m^3，最低高度为3 m。

13.2.2 【案例】智能建筑 ◆ 科技强国

13.2.2.1 现代办公室与安全人机工程学

由工业经济时代迈向知识经济时代的今天，技术开发、管理和信息交流等一系列技术与管理工作越来越占据更加重要的地位。而作为这类性质工作的地点的办公室的增长量越来越大，要求也越来越高。随着新技术的发展与应用，一系列自动化办公设备的出现也迅速促进了办公室工作的现代化，以及对传统的办公方式和办公室系统自身管理工作的改革，这有力地提高了办公室工作的效率。办公室的安全人机工程便成为当前十分重要的研究课题。

13.2.2.2 符合安全人机工程学的办公室实例——智能建筑

现代办公室空间既是工作场所，又是人员交际和联系的公共场所。随着现代生产技术与科学的高度发展，要求办公室必须具有较高的灵活性和适应性，使得办公场所智能化。智能建筑是指利用先进的技术和系统来提高建筑物的效率、安全性和可持续性的建筑，它是社会信息化与经济国际化的必然产物，也是适应经济发展和改善生活条件的必然产物。例如，中国上海的“绿地中心”被认为是智能建筑的典范。这座建筑利用了各种智能技术，包括节能照明系统、智能空调和通风系统、太阳能板以及智能化的建筑管理系统，减少了对传统能源的依赖，提高了能源利用效率。此外，智能化的建筑管理系统可以监控和调节建筑内部的温度、湿度、照明等，提高舒适度的同时降低了能耗。该建筑还采用了智能化的安全系统，如视频监控和智能门禁系统，提高了建筑的安全性。

13.2.2.3 思政要点

上海“绿地中心”为代表的智能建筑案例，生动诠释了科技创新如何赋能现代办公空间的安全性与可持续性。通过集成节能照明、智能温控、太阳能利用等先进技术，该建筑优化了能源效率，重构了工作环境，实现了动态调节的光照，缓解了视觉疲劳，符合人体工学的空间设计降低了肌肉骨骼劳损风险，智能安防系统则筑牢了公共安全屏障。这一实践印证了科技强国战略的核心逻辑：以尖端技术突破传统生产力边界，将“以人为本”的安全健康需求融入建筑全生命周期管理，既提升了劳动者福祉，又为城市低碳转型提供了可复制的技术典范。

智能建筑的推广更是国家综合实力的象征。它通过物联网、大数据等自主技术体系的突破，打破了发达国家在绿色建筑领域的垄断地位，彰显了我国“创新驱动发展”战略的成效。这种“硬科技”与“软环境”的深度融合，正是实现“高质量发展”的关键路径——技术革新不仅创造经济价值，更通过改善民生环境、保障公共健康，构建起科技惠民的社会治理新模式。

正因如此，应该深刻认识到：科技强国不仅是国家竞争力的核心，更是实现人民对美好生活向往的基石。我们要主动拥抱科技变革，学习数字化技能与安全人机工程知识，在日常工作中践行节能环保理念；党的二十大强调“必须坚持科技是第一生产力”，这要求以全球视野把握科技革命浪潮，将个人奋斗融入国家需求，携手构建科技、人文、生态交融的新空间。

13.2.3 【案例】办公自动化系统 ◆ 国家发展

13.2.3.1 办公自动化系统

办公自动化系统是指利用计算机技术和软件来提高办公效率和管理流程的系统。这类系统通常包括文档管理、电子邮件、日程安排、项目管理、人力资源管理、财务管理等功能。办公自动化系统的特点包括提高工作效率、减少人力资源成本、降低错误率、提高数据准确性和可追溯性、促进信息共享和协作等。在当今信息化的办公环境中，办公自动化系统已经成为提高企业整体竞争力和效率的重要工具。常见的办公自动化系统包括 Microsoft Office 套件、谷歌应用套件、企业资源规划（ERP）系统、客户关系管理（CRM）系统等。

13.2.3.2 金蝶 EAS 办公自动化系统

金蝶 EAS 办公自动化系统是全球第一款融合 TOGAF 标准 SOA 架构的企业管理软件。它主要面向亟待跨越成长鸿沟的大中型企业，以“创造无边界信息流”为产品设计理念，支持云计算、SOA 和动态流程管理的整合技术平台，全面覆盖企业战略管理、风险管理、集团财务管理、战略人力资源管理、跨组织供应链、多工厂制造和外部产业链等管理领域。该系统突破了流程制造、项目制造、供应商协作、客户协作等复杂制造和产业链协同应用，实现业务的全面管理，并支持管理创新与发展，帮助企业敏捷应对日益复杂的商业环境变化，提升整体运作效率，实现效益最大化。

13.2.3.3 思政要点

金蝶 EAS 办公自动化系统的创新实践，是我国数字经济与实体经济深度融合的缩影。作为全球首款融合 TOGAF 标准 SOA 架构的企业管理软件，其“无边界信息流”设计理念打破了传统管理模式壁垒，通过云计算、动态流程管理等技术，助力企业实现战略管理、供应链协同和风险控制的全面数字化升级。这不仅提升了企业的竞争力，更从底层架构上推动了产业链现代化——以自主可控的技术平台优化资源配置、降低运营成本，为我国构建“双循环”新发展格局提供了数字化引擎。

该系统在安全人机工程学领域的应用同样值得关注：通过智能化的流程设计与界面优化，减少了重复性操作带来的职业健康风险；动态数据监控功能可预防人为失误引发的安全隐患，体现了“技术赋能安全”的治理智慧，这正是国家高质量发展战略的核心诉求——科技创新既要驱动经济增长，也要守护劳动者权益，最终实现经济效益与社会效益的统一。

为此，应该清醒认识到：企业的数字化能力是国家综合实力的重要标尺，更是实现“中国式现代化”的关键支撑。要主动拥抱技术变革，学习数字化管理技能与人机协同理念，在岗位上践行精益化、智能化的工作方式，我们要以“科技自立自强”为信念，将个人奋斗融入国家发展大局——从优化一个流程节点的效率，到参与全球数字治理规则制定，让每个微小的创新都在为民族复兴蓄力。

13.3 产品人性设计中的安全人机工程学

13.3.1 概述

13.3.1.1 人性设计的概念与目的

所谓人性设计，主要是指新产品的设计处处为消费者着想，注重安全、耐用、方便、舒适、美观和经济等功能。注重人的自然属性，使新产品在物质技术上符合使用要求，同时，按照人的心理特点，使产品经过艺术设计，在外观上满足人的求美享受要求。科学的人性设计，是工程设计和工业设计的有机统一；对具体产品而言是内实外美的综合体现，是实用质量（含安全耐用）与审美质量的和谐融汇。

新产品是指在一定地域内从未试制生产过的产品。它与老产品相比较，在产品的结构、性能、材质、技术特征、安全防护装置等某一方面或几方面有显著改进、提高或具有独创意义；具有一定的先进性，能提高经济效益，并有推广价值。从产品人性设计的观点来看，新产品的设计应满足安全、耐用、美观和综合的效能。

13.3.1.2 人性设计的要求

（1）产品的内实：指产品的实用质量，这是产品质量的基础。任何产品都应结实可靠、经久耐用、结构简单轻巧、线条明确醒目、控制装置优良、显示装置清晰。避免设计制造出“傻、大、笨、粗”的产品。

（2）产品的可靠性：指产品在规定的条件下和规定的时间内完成规定功能的能力，是产品抵抗外部条件的影响而保持完好的能力，是产品质量时间性的指标。任何产品都要发生故障直至报废，但是发生故障前的工作时间（即寿命）长短不同，越长说明其可靠性就越好。

（3）控制的产品的“舒适”效应：指人在使用产品时，有得心应手、称心如意的感觉。机器、显示器、操纵器、工具等应满足人体尺寸、人的生理、心理、生物力学要求，这样不仅能减轻劳动者生理上和心理上的疲劳，而且利于减少事故发生，少出废品，甚至还能够使产品的使用者从悦耳悦目升华为悦心悦意、舒适、愉快，乃至享受。

（4）产品的安全性能：产品的安全性能关系到千家万户，贯穿于人们的生存、生活、生产的所有时间和空间。安全是人们生存和发展的最基本的需要之一。随着生产技术的发展，同时也发展了对人类进行自我的保护的安全措施。所以产品的人性设计必须把产品的安全性作为设计的首要问题来考虑。

（5）产品的“外美”：指产品的外观，包括形体、色彩、表面质感及装饰等综合整体给人的表象。产品外观的美学质量能带来巨大的经济效益，这对于依靠竞争而求生存的各国企业家来说，已经是普遍的常识；因产品设计不能满足消费者的审美需求而使企业败落的，也不乏其例。

13.3.2 【案例】U 形厨房设计 ◆ 尊老爱幼

13.3.2.1 家用厨房设计注意事项

人体工程学在建筑中的运用主要对建筑的使用效率和舒适程度有影响，这种影响在狭小空间和细部尺度上表现得尤其明显。因此在家用厨房设计中，按照人体工程学进行整体结构设计，强调设计出系统化、合理化、功能化的厨房具有重要意义。其内部设计应能做到：合理设计工作流程，合理布置电气设备，上下水、能源等管道的有机结合。家用厨房设计中考虑的因素应该包括工作三角区、烹饪区设计、水槽和清洁区、储存和橱柜设计、照明设计、电器和插座安置、地板和防滑设计、安全考虑和紧急情况等。

13.3.2.2 U 形厨房布局

厨房布局大体可分为单列式、双列平行式、曲尺形、U 形 4 类。其中曲尺形和 U 形效率较高，操作时移动不多即可照顾周全。如图 13-1 所示，U 形厨房布局中一般将水槽置

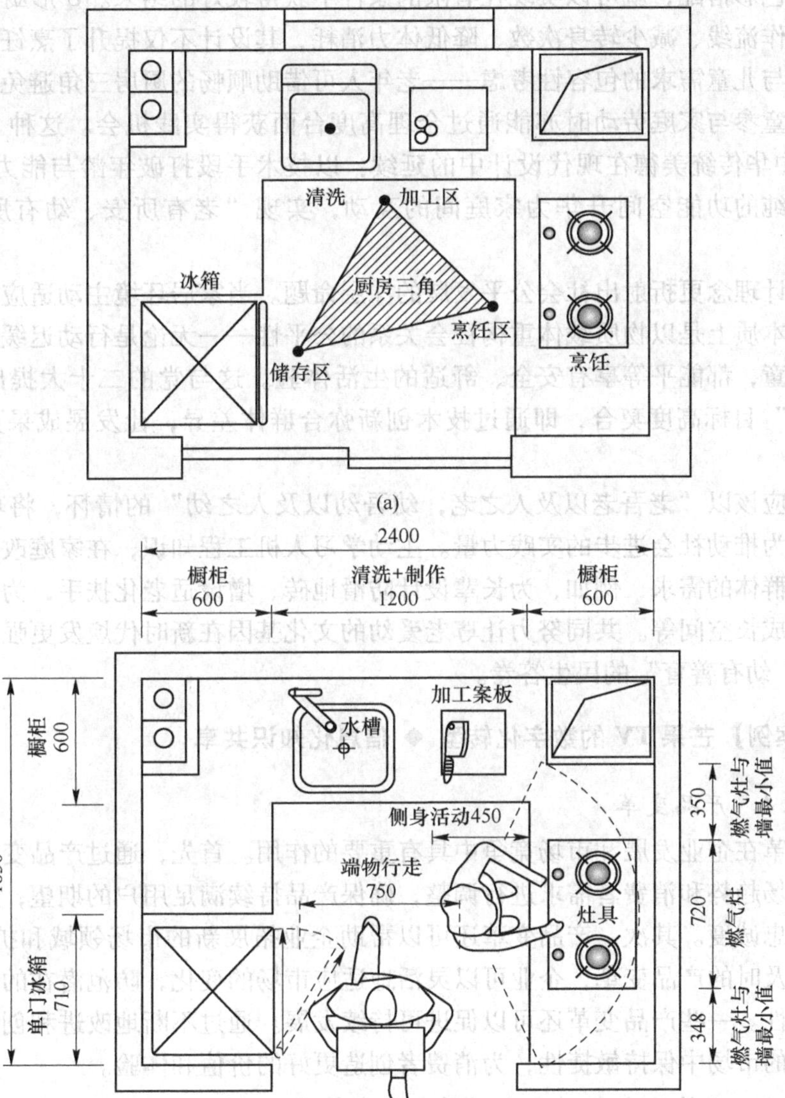

图 13-1　U 形厨房布局图

（a）U 形厨房的动线设计示意图；（b）U 形厨房的布局尺寸示意图（单位：mm）

于厨房最短边，与加工案板一起作为加工区；其中一侧放置灶具作为烹饪区；冰箱放在另一侧作为储藏区，3 个工作区连线成等边三角形。若两翼间距 0.9～1.2 m，灶具与水槽间距 1.2 m，储藏、加工、烹饪顺时针方向布置，则工作流线为单向、无交叉、无反复的顺畅流线，工作区内移动很少，而且能减少转身次数，成为省时省力三角。同其他布局相比，U 形厨房布局平面利用率最高，符合人体工程学原理，是比较理想的平面形式。

13.3.2.3 思政要点

按照人体工程学原理进行家用厨房的设计是为了达到舒适和便利的目的，在家用厨房的设计中充分发挥人体工程学的作用，按就近和优先原则安排家具和设备，并辅以优美的造型设计和色彩搭配，就可以实现在有限的条件下获得较好的结果。U 形厨房布局的设计通过优化操作流线、减少转身次数、降低体力消耗，其设计不仅提升了烹饪效率，更暗含了对老年人与儿童需求的包容性考虑——老年人可借助顺畅的厨房三角避免弯腰转身的跌倒风险，儿童参与家庭劳动时亦能通过合理高度台面获得实践机会。这种“细节里的温暖”，正是中华传统美德在现代设计中的延续：以技术手段打破年龄与能力的隐形壁垒，让厨房从单纯的功能空间升华为家庭间的互动，实现“老有所安、幼有所乐”的和谐图景。

这一设计理念更折射出社会公平发展的深层命题。当家居环境主动适应不同群体的生理特点时，本质上是以物质载体重构社会关系的公平性——无论是行动迟缓的老人还是身高不足的孩童，都能平等享有安全、舒适的生活体验。这与党的二十大提出的“全体人民共同富裕”目标高度契合，即通过技术创新弥合群体差异，让发展成果更公平地惠及每个家庭。

所以，应该以“老吾老以及人之老，幼吾幼以及人之幼”的情怀，将尊老爱幼的传统美德转化为推动社会进步的实践力量。主动学习人机工程知识，在家庭改造或社区建设中关注弱势群体的需求，例如，为长辈设计防滑地砖、增设适老化扶手，为儿童规划安全参与家务的成长空间等。共同努力让尊老爱幼的文化基因在新时代焕发更强生命力，书写“老有颐养、幼有善育”的民生答卷。

13.3.3 【案例】芒果 TV 的数字化转型 ◆ 信息化知识共享

13.3.3.1 产品变革

产品变革在企业发展和市场竞争中具有重要的作用。首先，通过产品变革，企业可以根据新的市场趋势和消费者需求进行调整，确保产品持续满足用户的期望，从而提高市场份额和客户忠诚度。其次，产品变革还可以帮助企业拓展新的市场领域和扩大业务规模。此外，通过及时的产品变革，企业可以灵活地适应市场的变化，防范潜在的风险，保持业务的可持续性。一些产品变革还可以促进可持续发展。通过不断地改进和创新，企业可以在日益变化的市场中保持敏捷性，为消费者创造更好的价值和体验。

13.3.3.2 从传统广电到平台型媒体生态构建

湖南广电集团是中国广电行业的标杆企业，其核心产品“芒果 TV”通过数字化转型，完成了从传统电视台到融媒体平台的变革。平台将媒体内容生产流程进行模块化改造，打通节目制作、用户交互、版权管理等核心环节，形成资源集约化运营模式。其自主研发的智能处理系统支持多模态数据处理，实现传统文化资源与现代数字技术的深度融合，在历史纪录片修复、民族音乐数字化保存等领域取得突破。通过搭建开放共享的文化资源库，平台将珍贵文献、非遗素材等文化资产封装为标准化数据模块，向教育机构、文博单位提供技术对接服务，使专业级文化资源从舞台场景延伸至课堂教学场景。例如，在传统文化传承项目中，平台运用动作分析技术将传统艺术表演转化为可复用的教学资源，助力中小学美育课程建设。

13.3.3.3　思政要点

“芒果TV”案例体现了信息化知识共享在文化传承中的创新价值。其构建的智能处理系统突破传统媒体单向传播局限，让历史文献以数字化形态更好地展现在大众的视野中，使非遗技艺通过技术手段实现跨地域传播。平台搭建的开放资源库有效地将文化内容转化为普惠性教育资源，推动优质资源以数字化形态向其他地区流动。例如，将博物馆的文物数字化资料打包成教学模块，一些偏远地区的中小学也能通过这些资源进行了解与学习。这种技术手段打破了文化传播的地域限制，让优质内容像水一样流向需要的地方。

平台的技术创新让文化遗产保护与教育应用形成良性循环。通过智能系统，能将历史纪录片里的一些珍贵影像解析成知识点，让学生们可以更有效地学习学习历史文化。在欠发达地区，一些濒危的民间音乐经过数字化保存，不仅被记录下来，还能变成乡村学校的音乐教材。这种“活态传承”既保护了文化根脉，又让传统文化在新时代焕发活力。

总之，应该以更开放的格局拥抱信息化时代的机遇与责任，要提升数字素养，善用流媒体等工具拓展文化视野，同时主动学习并传播优质内容，抵制信息茧房对思维广度的侵蚀。以技术为舟、以内容为桨，在知识共享的浪潮中既坚守文化自信，推动文明之间的对话。

习题与思考题

13-1　VDT的概念是什么？

13-2　简述VDT对人体健康的影响。

13-3　在“芒果TV”案例中，文化资源通过技术手段实现跨地域传播，体现了技术普惠精神，这与我国社会主义核心价值观中的“公正”理念与“共同富裕”目标相呼应，试分析信息化时代下知识共享如何践行“科技向善”理念；试论述个性化推荐算法在促进社会公平正义（如缩小城乡数字鸿沟）、推动中华文化全球传播中的独特作用。同时，请结合我国“十四五”数字经济发展规划，阐述新时代青年应如何提升数字素养，在享受技术红利的同时担当起科技强国的历史使命？

14 人机工程发展趋势

【本章导语】

人机工程学正经历从传统工效研究向智能化、信息化、绿色化方向跨越的深刻变革。本章通过梳理技术演进脉络、剖析虚拟与信息化应用场景、解读案例，揭示人机系统优化对产业升级与可持续发展的驱动作用，引导读者理解技术创新与社会责任的内在统一，强化科技报国的使命担当。

【学习目标】

❖ 掌握人机工程智能化、虚拟化、信息化三大发展趋势的内涵与特征。
❖ 理解绿色设计的主要内容及其与“双碳”目标的相互关联。
❖ 通过虚拟人机工程与信息化人机工程强化国际视野。

14.1 人机工程发展趋势和展望

14.1.1 概述

14.1.1.1 人机工程的发展趋势

人机工程的起源可以追溯到人类早期活动，其发展经历了漫长的历史阶段。最初，人类为了提高工作效率，开始根据自身手的大小和形状制作工具，如斧柄，这被视为是人机工程的初步应用。在中国，两千多年前的《考工记》中已有根据人体尺寸设计工具和车辆的论述。第一次和第二次工业革命期间，随着人类劳动进入机器时代，人机工程学开始初步形成。19 世纪末至 20 世纪初，泰勒等通过科学方法对人机工程进行了研究，推动了该领域的发展。第一次世界大战期间，由于特殊环境下的需求，人机工程学得到进一步发展，并被称为工效学。此后，该学科在各国得到广泛研究和应用，逐渐形成了现代的人机工程学。

当前人机工程技术研究的发展趋势主要体现在两个方面：一是人机界面技术的研究；二是视觉-目标拾取认知技术的研究。在人机界面技术方面，研究的重点是如何设计更符合人类使用习惯和需求的界面，以提高人机交互的自然性和效率。而在视觉-目标拾取认知技术方面，研究聚焦于如何使机器更好地理解和预测人类的行为和意图，从而提升人机系统的互动质量。这两个领域的研究都强调了用户体验的重要性，并致力于开发更加智能化和个性化的技术解决方案。

此外，人机工程技术的发展趋势还包括对新型人机系统设计和开发方法的探索。研究者们还在探索如何将人机工程学原理应用于更广泛的领域，以促进技术的普及和普惠。

14.1.1.2 对人机工程的展望

现代人机系统中，作业人员是在特定环境中操作和管理复杂系统和各种数字化设备，当人在这种环境中工作时，既要靠眼睛来观察环境，又要靠细致的注视来完成精确的控制动作。人机工程技术通过分析这些交互过程，能够为优化人机系统提供科学依据，不仅可以减轻操作人员的工作负荷，降低出错率，还能显著提高人机交互的整体效率。

人机工程将在多个关键领域持续发挥重要作用。在计算机系统和自动化控制领域，通过更加直观和高效的界面设计，操作人员能够快速获取信息并完成复杂操作；在交通运输和工业设计中，人机工程可优化驾驶舱、仪表盘和生产线设计，提升安全性和生产效率；在军事领域和社会重大事件的应急指挥系统中，优化人机交互能够显著提高应急反应速度和指挥效率。此外，在复杂工业系统的故障诊断和快速修复、系统重构等方面，人机工程将提供更智能的工具和方法，帮助操作人员高效解决问题。尤其是在复杂环境下仿人机器人设计与制造领域，人机工程的作用尤为突出，通过深入研究人类行为、注意力分配和环境适配，未来的仿人机器人将在灾难救援、工业维修、医疗辅助等领域实现更精准的任务执行。

人机工程的发展将不断推动复杂系统与数字化设备的智能化、人性化设计，不仅提升人机系统的工效和安全性，还将为社会的关键领域和复杂问题提供重要的解决方案，推动技术进步和社会发展。

14.1.2 【案例】绿色环保办公椅 ◆ 绿色家园

14.1.2.1 绿色设计的概念与内容

绿色设计是指在产品及其寿命周期全过程的设计中，要充分考虑对资源和环境的影响，在充分考虑产品的功能、质量、开发周期和成本的同时，更要优化各种相关因素，使产品及其制造过程中对环境的总体负影响减到最小，使产品的各项指标符合绿色环保的要求。

绿色设计的内容主要如下。

（1）产品的可回收性设计：综合考虑材料的回收可能性，回收价值的大小，回收的处理方法等。

（2）产品的可拆卸性设计：设计师要使所设计的结构易于拆卸，维护方便，并在产品报废后能够重新回收利用。

（3）绿色产品设计的材料选择与管理：一方面，不能把含有有害成分与无害成分的材料混放在一起；另一方面，对于达到寿命周期的产品，有用部分要充分回收利用，不可用部分要用一定的工艺方法进行处理，使其对环境的影响降到最低。

14.1.2.2 精一股份的绿色环保办公椅

精一股份作为中国办公家具领域的标杆企业，其推出的办公椅以环保理念贯穿设计始终，从材料选择到生产流程均致力于减少资源消耗与环境污染。椅身采用可循环材料与低污染涂层，避免使用含有害成分的原料，确保生产过程低碳节能，废弃后大部分部件可拆解再生。其结构设计兼顾人体舒适需求，通过科学支撑系统减轻久坐疲劳，并注重透气性优化，提升使用体验。产品全生命周期贯彻可持续原则，既满足功能性与耐用性，又通过创新工艺降低能源消耗，获得行业认可的环保认证，成为办公家具领域践行绿色设计的代表性成果，展现了环保责任与实用价值协同共生的可能性。

14.1.2.3 思政要点

随着全球资源紧张和环境问题日益加剧，传统设计理念已无法满足可持续发展的要求，绿色人机工程通过在产品设计中充分考虑环境影响、资源利用和人体需求，不仅推动了绿色经济发展，也为人类生活质量的提升提供了解决方案。这一理念的应用能够减少资源浪费、降低污染排放，同时提高产品的功能性和舒适性，真正实现经济效益与环境保护的统一。精一股份的绿色环保办公椅以“全生命周期绿色设计”为核心，其采用可循环材料与低污染涂层工艺，从源头减少有害物质释放，通过模块化结构实现部件便捷拆换与材料再生，将“减量化、再利用、再循环”的循环经济理念贯穿产品全流程。在满足人体工学需求上，椅背的动态支撑系统与透气性优化设计缓解了久坐疲劳，兼顾健康防护与环境友好目标。绿色设计并非对功能的妥协，而是通过技术创新实现人类福祉与自然系统的双赢。

这一案例更揭示了企业的生态责任与国家战略的同频共振。精一办公椅的全流程低碳工艺与绿色生产流程，正是我国“双碳”目标的微观映射：通过技术革新推动产业低碳转型，将生态文明理念融入产品基因。当一把椅子能承载起减少碳排放、促进健康劳动的使命时，便印证了习近平总书记“绿水青山就是金山银山”的科学论断——绿色创新既能创造经济价值，更是构建人与自然生命共同体的必由之路。

不仅如此，更要以“功在当代、利在千秋”的使命感，争当绿色文明的践行者与传播者。从日常选择做起，优先支持环保认证产品，践行低碳办公与垃圾分类，让绿色消费成为生活习惯。党的二十大提出“协同推进降碳、减污、扩绿、增长”，这要求将个人选择汇入国家战略——从节约一张纸的细微之举，到参与国际气候治理谈判，每个行动都在为地球家园的永续发展筑基。

14.1.3 【案例】智能化单元生产线 ◆ 民族复兴

14.1.3.1 人机智能结合系统

人机智能结合系统是指人的创造性、预见性等高层智能同计算机低层智能结合的系统。人机智能结合的必要条件在于构建一个高效且协调的人机交互系统。系统一般由多个关键组件构成，各自承担不同的功能，协同工作以实现智能任务的分配和处理。可编程信息和不可编程信息作为输入源，通过人机交互作用进入系统。这里的人机交互作用是至关重要的，它决定了系统能否有效地理解并整合来自不同来源的信息。分配器负责对这些信息进行分类和管理，它需要具备一定的智能，以便能够准确地识别信息的类型和优先级，从而为后续的任务分配做好准备。任务分配模块根据信息的类别和处理需求，将任务合理地分配给人或计算机程序。这一步的关键在于找到一种平衡点，既要充分发挥计算机的高速计算能力，又要利用人类的直觉和创造性思维来解决那些尚无法完全自动化的问题。无论是计算机还是人工处理的结果都会反馈回系统，用于更新和优化下一次的任务分配策略。这个过程体现了闭环控制的原理，有助于不断提高系统的整体性能和适应性。

14.1.3.2 越疆机器人的“柔性智能工作站”

针对现代制造业对高效性和智能化的需求，越疆科技自主研发“柔性智能工作站”，深度融合人工智能、物联网、协作机器人及视觉技术，构建覆盖全场景的智能化单元生产线。该产线通过自研核心算法与模块化设计，实现人机协作效率与安全性的双重突破：通过AI驱动动态优化，基于机器视觉与轨迹复现技术，系统可实时分析生产数据，自适应调整工艺参数，支持多品种、小批量混线生产；采用悬浮触控安全电子皮肤技术，在小范围内感知人体接触后可自动停止，结合力控算法实现高精度动态作业，保障人机协同安全性。被称为"协作机器人第一股"的越疆科技，已经把关键零部件全部实现国产化的协作机器人卖到了多个国家和地区，成为全球出货量第二、中国出货量第一的协作机器人企业。

14.1.3.3 思政要点

当前，智能化人机工程的重要性日益凸显，它已成为推动现代社会进步的关键力量。随着技术的飞速发展，人工智能和机器学习等技术的应用日益广泛，人机工程学作为一门研究人与机器交互的学科，其智能化转型显得尤为重要。越疆科技"柔性智能工作站"的实践，是中国式现代化进程中"科技自立自强"的生动注脚。通过融合人工智能、物联网、协作机器人及视觉技术，该生产线不仅实现了生产效率跃升与安全生产的双重突破，更重构了人机关系的底层逻辑——工人从重复劳动中解放，转向创造性工作；机器人以"安全伙伴"身份协同作业，既保障了劳动者权益，又释放了人才潜能。这种"以智赋能、以人驭智"的模式，正是实现"制造大国"向"智造强国"转型的核心路径：通过自主可控的智能技术突破，打破发达国家对高端制造的技术垄断，将产业链安全牢牢掌握在自己手中，为民族复兴筑牢产业根基。

更深层次看，这一技术革新与国家战略形成共振。生产线中AI算法的持续进化、协作机器人的柔性适配能力，恰似中国"创新驱动发展"战略的微观镜像——既需要硬核科技的攻坚突破，又依赖人机协同的治理智慧。当技术革新与人的价值提升同频共振时，便实现了"发展为了人民、发展依靠人民"的辩证统一，这正是坚持人民至上理念的核心要义。

所以，应该怀着"功成不必在我，功成必定有我"的历史自觉，肩负起中华民族伟大复兴的时代使命。要主动掌握人机协同、工业互联网等前沿技能，在岗位上践行精益求精的工匠精神，让科技报国成为时代强音。我们要以"咬定青山不放松"的韧劲，将个人奋斗汇入国家崛起的大潮——从精研一项工艺标准，到助力中国智造走向世界，每份坚守都在为民族复兴筑基固本。

14.2 虚拟人机工程

14.2.1 概述

14.2.1.1 虚拟人机工程的定义与核心要点

虚拟人机工程（virtual human factors engineering，VHFE）是利用虚拟现实（virtual reality，VR）、增强现实（augmented reality，AR）和计算机仿真技术等数字化手段，对人机交互（human-computer interaction）的过程、特性和性能进行研究与优化。它是一种现代化的技术工具，广泛应用于产品设计、系统开发以及操作环境优化等领域，旨在提高系统的安全性、舒适性和效率。其定义可总结为：借助虚拟仿真技术，研究人与设备、环境及系统之间的相互作用，并优化其设计与运行过程。

虚拟人机工程的核心在于通过数字化技术模拟人机交互的场景及过程。通过构建虚拟环境和虚拟人体模型，研究人类在操作系统、设备和环境时的行为模式、心理特征和生理约束。这些研究能够涵盖操作习惯、视觉感知、动作协调以及心理负荷等方面，并以此为依据对设备和环境进行科学优化。与传统人机工程学相比，虚拟人机工程显著增强了实验的可视化和交互性，使研究更加灵活、全面且低风险。

14.2.1.2 虚拟人机工程的特点与应用领域

虚拟人机工程具有多项显著特点。首先，它通过虚拟仿真降低了实际资源消耗，例如，在设计复杂或危险的设备时，能够有效减少原型开发和测试的成本。其次，虚拟技术提供了可视化与交互的能力，使得设计者可以实时观察和调整操作流程，确保系统符合人体工学原理。此外，虚拟仿真具备高灵活性，可快速测试和优化多种假设场景。同时，在危险场景的设计和测试中，虚拟人机工程提升了研究的安全性，为极端环境下的人机交互研究提供了可靠支持。

虚拟人机工程在多个领域具有广泛的应用。在工业设计中，它能够优化工作台布局或生产线流程，减少操作疲劳并提高效率。在航空航天领域，虚拟技术用于优化飞机驾驶舱或航天器控制系统的布局，使飞行员的操作更加舒适和高效。医疗领域通过虚拟手术模拟提升外科医生的实践能力，并改善手术室布局设计。军事系统也广泛应用虚拟人机工程，设计和优化战斗机驾驶舱、潜艇控制台或士兵装备。此外，在教育和培训领域，虚拟环境为驾驶、设备操作及紧急情况演练提供了安全可控的模拟场景。未来，虚拟人机工程将进一步与人工智能（AI）、大数据和传感器技术融合。智能化的虚拟人体模型将通过生物力学和AI技术模拟更加真实工况下的人体行为，多模态交互技术则会让语音、手势和眼动追踪等自然交互方式融入虚拟环境。

14.2.2 【案例】虚拟人 ◆ 国际视野

14.2.2.1 虚拟人的分类

虚拟人的分类方式有多种，以下几种是常见的分类方式：

（1）根据技术分类可分为算法驱动型（AI实时或捏脸等）和真人驱动型（动作捕捉）。

（2）根据视觉维度分类可分为2D型和3D型。

（3）根据结构组成分类可分为数字型（用户线上观看）和全息型（用户现场裸眼观看）。

（4）根据核心功能分类可分为服务型和身份型。其中，服务型虚拟人的核心功能在于代替真人服务，代替人类进行各类公众服务类角色扮演；而身份型虚拟人的核心功能在于社交娱乐作用，是真人形象在虚拟世界的具象表达。

（5）根据驱动方式，虚拟数字人可以分为4类：文本驱动的虚拟数字人、会话场景驱动的虚拟数字人、真人（实时捕捉）驱动的虚拟数字人、非智能化驱动的虚拟数字人。

14.2.2.2 虚拟人的特点

虚拟人在医学、生物学、军事、人机工效等领域都有许多应用，其特点如下。

（1）可以与周围的环境交互作用，感知并影响周围环境。

（2）有自身的几何模型，在计算机生成的空间与时间内，有自己的几何与时间特性。三维虚拟人是指其自身模型及其所在的空间均为三维的。

（3）虚拟人之间或虚拟人与真实人之间，可以通过自然的方式交流。例如，可以用自然语言或人体语言（手势）进行交互作用。

（4）虚拟人的行为可以由计算机程序控制，这种虚拟人被称为智能体。虚拟人的行为也可以由真实人控制，此时虚拟人被称为真实人的化身。但不论何种情况，其行为都必须表现出与真实人一致的特征。

14.2.2.3 思政要点

虚拟人技术的跨领域应用，本质上是全球化协作的产物。以NASA与宾夕法尼亚大学联合研发为例，三维虚拟人在航天医学中的仿真测试、太空任务人机协同设计等场景的应用，既依赖美国本土的算法优势，也需整合多国在生物力学、人机交互领域的研究成果。这种“无国界科研”模式，揭示了人类重大科技突破的必然路径——通过开放数据共享、技术标准互认和人才流动，将分散的智慧凝聚为攻克共性难题的合力。虚拟人“与真实人自然交互”的特性，更隐喻着全球化时代的文明对话逻辑：当技术标准能兼容不同文化背景的用户需求时，科技便成为增进理解、消除隔阂的桥梁。

对中国而言，虚拟人技术的自主突破与国际合作并非对立选项。从医疗仿真训练到工业人机协同，我国既需构建自主技术体系保障产业链安全，也要以“人类命运共同体”理念参与全球技术治理。通过共建开源平台、共研伦理规范，推动虚拟人技术向普惠性、包容性方向发展，避免技术霸权割裂人类文明的数字未来。

为此，应该以“和合共生”的胸襟，争做全球科技治理的参与者与贡献者。作为新时代的青年学习者，要主动融入国际学术网络，在虚拟人伦理规范、数据安全等议题上发出中国声音。培养跨文化协作能力，学习国际技术规则，在参与开源社区、国际会议中展现中国青年的担当。让我们以全球视野锚定坐标，让中国智慧成为连接人类文明的新纽带，携手书写科技共治、文明共荣的时代篇章。

14.2.3 【案例】JACK系统 ◆ 科学发展观

14.2.3.1 虚拟人的应用

虚拟人应用广泛，涵盖了不同领域，主要包括如下。

（1）客户服务和支持：用作网站和应用程序中的虚拟助手，回答常见问题、提供产品信息，甚至协助解决问题。

（2）虚拟教育：虚拟人用于在线学习平台，为学生提供个性化的学习体验。

（3）娱乐和游戏：虚拟人出现在电子游戏以及虚拟现实和增强现实应用中，增强游戏体验。

（4）医疗仿真：虚拟人用于医疗领域的培训和仿真。医学生可以与虚拟病人进行互动，模拟真实的诊断和治疗过程。

（5）自动驾驶：虚拟人被用于模拟和测试自动驾驶系统，以便在安全的虚拟环境中优化自动驾驶算法。

（6）生产和工业：虚拟人可以在工业自动化中担任监控和控制角色，优化生产过程。

14.2.3.2 虚拟人在航空航天领域的应用

NASA和宾夕法尼亚大学联合开发的JACK系统，使虚拟人模拟宇航员在太空站工作。在航空航天领域，可以利用虚拟人模型进行飞行员和宇航员的训练，包括飞行操作、应急情况处理、太空任务模拟等，以提高训练效果和降低成本；通过虚拟人模型对航空航天器操纵界面和控制系统进行评估，优化设计，提高人机交互的效率和安全性；利用虚拟人模型对航天器内部空间、座舱布局、工作环境等进行人体工程学设计和评估，改善宇航员的工作效率和舒适度等。这些应用可以帮助航空航天领域更好地理解和优化人体在复杂环境中的表现，提高飞行安全性和任务执行效率。

14.2.3.3 思政要点

虚拟人的应用案例在多个方面体现出了科学发展观的精神内涵，包括技术创新、人才培养、经济发展和社会进步等。虚拟偶像如洛天依、初音未来等，以及虚拟歌手如K/DA中的虚拟成员，在娱乐领域取得了巨大成功。这些虚拟人物体现了技术创新、创造力和多元文化的结合。科学发展观鼓励创新，而虚拟偶像和虚拟歌手的兴起借助了先进的计算机生成技术，将艺术和技术融合，创造出全新的娱乐形式。虚拟人在教育领域的应用也越来越普遍，虚拟教师、虚拟讲师等可在在线教育平台上提供个性化的学习体验。这体现了科学发展观中“全面发展、全面进步”的思想，通过利用科技手段提高教育的质量和覆盖率，促进人才培养，推动社会进步。

除了受关注度较高的互联网娱乐领域，在一些工业领域如机器人和汽车领域，虚拟人也常用于辅助人类工作。人工智能助手、虚拟工程师等可以提高工作效率，同时也需要人类进行监督和决策。设计师们还可以用虚拟人代替真人进行测试和模拟，提高效率和安全性。这体现了科学发展观中“创新驱动、协调发展”的理念，科技创新能够推动经济发展，而人机协作则突显了人的智慧和创造力在科技发展中的重要性。

因此，应该以科学发展观为指引，将虚拟人技术的应用深度融入国家现代化建设的全局，主动学习数字技术与人机交互知识，在参与虚拟人开发与应用中恪守伦理底线，既善用其提升教育、医疗等民生服务的可及性，又警惕技术异化对人文价值的冲击。虚拟人技术的迭代不仅要追求效率提升，更要注重资源节约，积极推动虚拟人技术行稳致远，使其成为促进人的全面发展、社会全面进步的新引擎，为构建人与自然和谐共生的现代化贡献智慧与力量。

14.3 信息化人机工程

14.3.1 概述

14.3.1.1 信息化人机工程的定义

信息化人机工程是人机工程学在信息时代的重要延伸，聚焦于研究和优化信息技术环境中的人机交互过程，涉及人与信息系统、环境之间的相互作用。它综合了人机工程学、信息技术、计算机科学和心理学等学科的知识，旨在通过科学手段改进信息系统的设计，使其更符合人类的生理、心理特性。信息化人机工程的“人”通常指使用信息系统的用户，“机”泛指包括计算机、软件平台、智能终端在内的各类信息技术设备，而“环境”

涵盖了物理环境（如工作场所、设备布局等）和社会环境（如协作方式、组织结构等）。

信息化人机工程的核心在于通过对用户行为的感知、处理和反馈机制进行深入研究，从而优化信息系统的功能、界面和交互方式，最终提升系统的操作效率、安全性和用户体验。随着信息技术的飞速发展，信息化人机工程的研究范围不断扩大，现已全面渗透到航空航天、通信、计算机科学、交通、电子、建筑、能源等领域。

14.3.1.2 信息化人机工程的特点与研究内容

信息化人机工程的显著特点是高度的技术融合性和应用广泛性。它不仅需要传统人机工程学对人体工效的关注，还需结合现代信息技术和智能系统的复杂性，研究多模态交互、用户行为预测和系统动态适配等问题。同时，它通过研究用户的心理特性、操作习惯和生理限制，确保信息系统的设计更符合人的需求，减少误操作和学习成本。此外，信息化人机工程注重系统性优化，通过模拟和测试不同情景下的人机交互过程，优化整个系统的功能布局和运行模式，而非仅局限于单一设备或环节。

信息化人机工程的研究内容主要包括用户界面的设计与优化、交互方式的研究、信息系统功能与用户需求的匹配、工作环境的适配性分析以及用户培训与支持等具体领域。例如，用户界面设计需保证信息呈现方式直观，信息输入输出符合用户的习惯；交互方式研究致力于开发如语音、手势、触控等自然交互手段；环境适配分析则评估物理条件如照明和空间布局对操作的影响。通过这些研究，信息化人机工程为信息系统的设计提供了科学依据，使其更具可用性和人性化。

14.3.2 【案例】Microsoft Teams ◆ 人才培养战略

14.3.2.1 协同工作系统

协同工作系统是一种软件工具或平台，旨在促进团队成员之间的合作、沟通和协同工作。这些系统为团队提供了一个集中的环境，使成员能够共同处理任务、项目和信息，从而提高工作效率和协作水平。协同工作系统通常包含任务和项目管理、实时沟通、文件共享和协作、报告和分析、权限和访问、控制集成和扩展性移动端支持等特点和功能。协同工作系统的目标是帮助团队成员更紧密地协同工作，减少信息孤立，加强团队协调，提高工作效率，从而更好地完成任务和项目。这些系统适用于各种规模和类型的团队，包括跨地域的虚拟团队或是在同一地点的实体团队。

14.3.2.2 Microsoft Teams

Microsoft Teams 是微软推出的一款强大的协同工作平台，旨在帮助团队成员更好地协作、沟通和共同完成任务。团队可以在 Teams 中创建多个频道，每个频道可用于不同的主题或项目。在频道内，用户可以进行讨论、共享文件和资源，以及组织相关的内容。Teams 具备强大的视频会议和音频通话功能，使远程协作变得更加容易。Teams 与 OneDrive 和 SharePoint 集成，可以直接在 Teams 中共享、编辑和协作编辑文件。团队成员可以在讨论中添加文件，进行版本控制，实现无缝的协作。Teams 还可以与 Planner 和 To-Do 集成，帮助团队创建任务清单、制订计划，并在频道中进行任务分配和跟踪。并且 Teams 支持与许多其他应用程序和服务的集成，包括 Office 应用、第三方应用、机器人和自定义的应用程序。这使得团队能够在一个平台上集成多个工作流程。

14.3.2.3　思政要点

这些系统不仅提供传统的沟通工具，还整合了任务管理、文件共享、视频会议等多种功能，帮助团队在一个平台上完成多项工作，这使得团队能够即时交流和合作，提高了工作效率。Microsoft Teams 的协同逻辑，折射出数字化转型对人才能力结构的重塑需求。其集成化的文件协作、任务管理与跨平台交互功能，不仅优化了工作流程，更隐含着对复合型人才的培养指向——操作者需同时掌握数字工具应用、跨团队协作及信息安全防护等技能。当协同平台成为生产力核心载体时，劳动者的数字素养便直接关系产业链效能，而安全人机工程学对界面友好性、操作合规性的设计，则为人才从“技能适应”转向“价值创造”提供了技术支撑。

从其他角度来看，Teams 的普及与教育体系的衔接缺口暴露了传统培养模式的滞后性。平台中数据分析、远程协作等高频场景的应用，要求人才具备实时学习、自主迭代的能力，这恰恰呼应了党的二十大提出的“深化教育领域综合改革”方向——唯有将数字工具深度融入人才培养全链条，才能破解“学用脱节”困境，为国家战略实施提供可持续的人力资源保障。

因此，应该主动拥抱数字时代的技能革命，跳出“工具使用者”的被动角色，系统学习协同平台的底层逻辑（如数据管理、权限配置），将其转化为解决复杂问题的能力。习近平总书记强调“人才是第一资源”，这要求人们以“终身学习”回应时代命题，以个体能力的点滴汇聚成一股力量，在时代浪潮中翻开属于中国人才的崭新篇章。

14.3.3　【案例】界面设计 ◆ 信息化建设

14.3.3.1　基于信息的界面设计的原则

基于信息的界面设计是一种注重将信息以清晰、有效和易于理解的方式呈现给用户的设计方法。在这种设计中，界面被构建为最大程度地传达所需信息，帮助用户快速获取所需的内容。基于信息的界面设计的关键原则如下。

（1）信息层次结构。设计应该反映信息的层次结构，将最重要的信息放在显眼的位置，而较次要的信息则以次之的方式呈现。

（2）简洁性。界面应该尽量减少无关的信息和噪声，只呈现用户所需的核心信息。

（3）一致性。保持界面元素的一致性，使用户能够在不同部分轻松识别和理解信息。

（4）可读性。使用易于阅读的字体、适当的字号和合适的行距，确保文本内容清晰可读。

（5）可视化元素。图表、图像、图标等可视化元素可以帮助用户更快速地理解信息。

14.3.3.2　墨迹天气的界面设计

墨迹天气是一款广受欢迎的天气应用程序，其界面设计注重简洁、实用、可视化，以帮助用户快速了解当前和未来的天气状况。以下是墨迹天气界面设计的一些特点。

（1）首页简洁，主要由一个大的气象背景图和当前的温度信息构成。

（2）界面顶部会显示实时温度，以及当前的天气状况，并以图标的形式呈现，帮助用户快速识别。

（3）提供逐小时和逐日预报。用户可以轻松滑动页面来查看未来几小时和几天的天气变化，以折线图和图标的方式显示温度、降雨概率等信息。

(4) 提供生活指数，如空气质量、紫外线强度、穿衣指数等，帮助用户更好地安排日常生活。

(5) 交互性。用户可以通过滑动、点击等简单的手势来切换不同城市、查看不同天气细节，提供了良好的交互体验。

14.3.3.3 整体观在基于信息的界面设计中的作用

基于信息的界面设计强调将信息清晰、有序地传达给用户，并以用户的需求和使用体验为中心。墨迹天气的界面设计逻辑，本质上是信息化时代公共服务能力提升的缩影，其简洁的可视化布局、多维度生活指数整合及低学习成本的操作交互，既体现了安全人机工程学中“认知减负”的核心原则，更揭示了数字化人才培养的深层需求——当气象服务从单向数据播报转向个性化、场景化服务时，从业者需兼具气象科学、数据可视化、用户体验设计的跨学科能力。国家“数字中国”战略号召着“技术普惠与人才能力共生”：通过界面设计降低全民信息获取门槛，让偏远地区居民、弱势群体等也能平等享受数字红利，而支撑这一目标的，正是既懂技术又通民情的复合型人才队伍。

界面中空气质量、紫外线指数等民生数据的精准呈现，体现了技术应用需超越商业价值，服务于健康中国、乡村振兴等国家战略，这恰与党的二十大“增进民生福祉”的要求同频共振：当一名设计师能通过优化一个交互按钮提升老年用户的体验时，便是社会信息化服务建设的。

综上所述，应该秉持“致广大而尽精微”的自觉，成为数字时代民生服务的建设者与守护者，积极参与数字治理实践，通过反馈使用痛点推动公共服务优化。以信息化促进基本公共服务均等化，让更多人“用得上”信息服务。习近平总书记强调：让亿万人民在共享互联网发展成果上有更多获得感。作为新时代的新青年，要以专业技能为笔、以民生需求为纸，绘就信息技术普惠大众的时代画卷。

习题与思考题

14-1 当前人机工程技术研究的发展趋势主要体现在哪两个方面？

14-2 虚拟人机工程的定义与核心要点是什么？

14-3 信息化人机工程的研究内容主要包括什么？

14-4 现代人机工程学的发展趋势中，智能化人机系统正在成为未来的关键方向。结合越疆机器人的“柔性智能工作站”案例，分析人工智能、物联网和协作机器人技术如何通过人机协作提高生产效率与安全性。进一步思考，智能化人机系统如何帮助中国实现“制造大国”向“智造强国”转型？

参考文献

[1] 张力，王以群. 安全人机工程学 [M]. 北京：机械工业出版社，2020.

[2] Steven S, Claire W. Human Factors and Ergonomics in Practice: Improving System Performance and Human Well-Being in the Real World [M]. London: CRC Press, 2020.

[3] 陈治文，李晓东，盛宏达. 铡草机事故原因分析与改进建议 [J]. 农业机械，2011 (6)：60-61.

[4] 马柳莺，刘华佾. Tu-154 飞机刹车盘骨架断裂特征及机理 [J]. 中南工业大学学报，1995 (4)：506-508.

[5] 刘泽恒，罗锦宏. 工业设计中的人机工程学理论、技术与应用研究进展 [J]. 艺术科技，2017，30 (1)：316.

[6] 吴新林. 从《考工记》到《天工开物》：艺术比较视域下的中国传统造物思想之承变 [J]. 艺术设计研究，2018 (3)：79-83.

[7] 王一鸣. FERRARI SF90 STRADALE 插混新纪元 [J]. 世界汽车，2019 (11)：24-31.

[8] 李志忠. 人机工程学与安全设计 [M]. 北京：清华大学出版社，2019.

[9] Sanders M S, McCormick E J. Human Factors in Engineering and Design [M]. New York: McGraw-Hill Education, 2018.

[10] Nazari G, MacDermid J C. Minimal Detectable Change Thresholds and Responsiveness of Zephyr Bioharness and Fitbit Charge Devices [J]. Journal of Strength and Conditioning Research, 2020, 34 (1): 257-263.

[11] 沈华林. 基于人机工程学的长途客车座椅设计与分析 [J]. 汽车实用技术，2019 (10)：82-83.

[12] 赵倩，邓咏梅. 基于层次分析法的三维人体扫描仪的选择 [J]. 纺织学报，2021，42 (4)：155-161.

[13] 郭佳佳，张芳燕，刘国闯，等. 人机工程设计中的虚拟仿真技术研究进展 [J]. 机械设计，2024，41 (8)：23-29.

[14] 王艳霞，吴宁强，雷晨，等. 基于人因工程的车辆驾驶室布局优化设计 [J]. 系统仿真技术，2024，20 (3)：288-293.

[15] Moll R. Setting Up Medical Devices at Home: Easing the Patient's Human Factors' Burden by Creating A Great User Experience [J]. Proceedings of the International Symposium on Human Factors and Ergonomics in Health Care, 2024, 13 (1): 34-36.

[16] 王保国，王新泉. 安全人机工程学 [M]. 北京：中国劳动社会保障出版社，2018.

[17] 郭伏，钱省三. 人因工程学 [M]. 2 版. 北京：机械工业出版社，2018.

[18] Chen Z F, Shang Y L, Wasti B, et al. Clinical characteristics and risk factors in pneumoconiosis patients with asthma [J]. Scientific Reports, 2025, 15 (1): 7000.

[19] 刘毅睿. 面向地铁隧道施工过程的粉尘控制技术研究进展 [J]. 当代化工研究，2025 (2)：6-8.

[20] 王树坤. 省能心理与装卸作业中的不安全行为 [J]. 港口装卸，1994 (1)：41.

[21] 苏士东. 习惯性违章原因及对策的探讨 [J]. 中国石油和化工标准与质量，2011，31 (5)：115.

[22] 成童，张志杰. 人机交互中的系统反应时间研究 [J]. 人类工效学，2017，23 (5)：69-74.

[23] 卢江良，王源源. 切尔诺贝利的核警告 [J]. 科学 24 小时，2016 (9)：38-41.

[24] Salvendy G, Karwowski W. Handbook of Human Factors and Ergonomics [M]. Hoboken: Wiley, 2021.

[25] 李红杰. 安全人机工程学 [M]. 北京：中国矿业大学出版社，2017.

[26] 林洁. 海港悲歌——天津港"8·12"瑞海公司危险品仓库特别重大火灾爆炸事故 [J]. 湖南安全与防灾，2016 (3)：42-43.

[27] 张良."消失"的法航 AF447 航班 [J]. 生命与灾害，2014 (4)：12-15.

[28] 鲁叶茂，吕峰. 浅谈安全文化和制度规范对企业安全生产的保障作用 [J]. 企业管理，2020 (S2)：

132-133.

[29] 肖方. 立足岗位练精兵厉兵秣马谋打赢——消防救援队伍全员岗位大练兵综述 [J]. 中国消防, 2020 (10): 18-23.

[30] 黄烁然. 广东富华工程机械制造有限公司“12·31”重大爆炸事故 [J]. 现代班组, 2021 (5): 29.

[31] 郑晓霞. 精细化管理视角下的班组安全管理探究 [J]. 现代职业安全, 2025 (1): 79-81.

[32] Arezes P M, Carvalho P V R. Ergonomics and Human Factors in Safety Management [M]. Boca Raton: CRC Press, 2016.

[33] 陈宝智. 人机工程学与安全工程 [M]. 北京: 化学工业出版社, 2016.

[34] Dimitris T. Briefing: Updates on the reconstruction of Notre Dame of Paris, France [J]. Proceedings of the Institution of Civil Engineers-Engineering History and Heritage, 2023, 176 (2): 43-45.

[35] 王昭武, 邓天金, 马馨雅, 等. 智能家居手表 [J]. 电子技术与软件工程, 2018 (19): 118-119.

[36] 刘佳. 当代中国社会基础结构下的设计价值观研究 [J]. 内蒙古艺术学院学报, 2020, 17 (1): 112-124.

[37] 张振清, 董可然, 任林茂, 等. 中小城市现代智能交通管理系统设计研究 [J]. 电子设计工程, 2021, 29 (18): 140-147.

[38] 舒凯凯. 几种常见的电梯控制系统操作面板的功能试验方法 [J]. 中国电梯, 2018, 29 (20): 46-48.

[39] Proctor R W, Van Zandt T. Human Factors in Simple and Complex Systems [M]. Boca Raton: CRC Press, 2018.

[40] 张峻霞. 人机工程学设计 [M]. 天津: 天津大学出版社, 2015.

[41] 李响, 刘伟, 徐浩翔, 等. 基于 STM32 单片机的马弗炉温度控制器设计 [J]. 机电工程技术, 2025, 54 (2): 138-142.

[42] 杨友振, 陈辉霖, 梁钲昊, 等. 基于 CS1237 的单路温度控制器的设计 [J]. 广西物理, 2024, 45 (4): 19-22.

[43] 李晓泉. 变频控制柜温度控制器的研制与应用 [J]. 电世界, 2024, 65 (5): 58-59.

[44] 陈语涵, 郝玉珍, 曹建民, 等. 室内温度控制器及其标准国内外发展研究综述 [J]. 绿色建造与智能建筑, 2023 (11): 80-84.

[45] 肖羽洺. 长春博世公司物流管理数字化转型研究 [D]. 长春: 吉林大学, 2024.

[46] 闵群. 汽车方向盘结构设计及模态分析 [J]. 南方农机, 2024, 55 (15): 161-163.

[47] 吴超. 假装不插电的运动试驾特斯拉 Model S 90D [J]. 产品可靠性报告, 2017 (3): 74-81.

[48] Proctor R W, Vu K P L. Stimulus-response compatibility for mixed mappings and tasks with unique responses [J]. Quarterly Journal of Experimental Psychology, 2010, 63 (2): 320-340.

[49] 张春英, 张宗取. 浅析家用电器食品接触材料卫生评价技术现状 [J]. 日用电器, 2014 (4): 36-38.

[50] Kroemer K H E, Kroemer H B. Engineering Physiology: Bases of Human Factors Engineering/ Ergonomics [M]. Cham: Springer, 2020.

[51] Stanton N A, Salmon P M, Rafferty L A, et al. Human Factors Methods: A Practical Guide for Engineering and Design [M]. 2nd Edition. London: CRC Press, 2013.

[52] 袁樵. 国际照明委员会照明标准——室内工作场所照明 [J]. 照明工程学报, 2002 (4): 55-60.

[53] 郭臣. 沥青罐为何爆炸 [J]. 劳动安全与健康, 2000 (2): 27.

[54] 杨金树. 建筑机电设备安装施工常见问题及应对措施探讨 [J]. 居业, 2023 (8): 92-94.

[55] 庄小舟, 刘晓勇, 蔡木蔚, 等. 某石油储运企业维修工人职业性慢性苯中毒发病原因调查 [J]. 职

业卫生与应急救援，2017，35（3）：249-251.
[56] 欧阳骅. 航空环境热负荷强度评价指标及其标准的探讨［J］. 军队卫生杂志，1987（3）：79-83.
[57] 朱建军. 高温作业场所危险性分析［J］. 安防科技，2004（12）：19-20.
[58] Dul J, Weerdmeester B. Ergonomics for Beginners［M］. 3rd Edition. London: Taylor & Francis, 2008.
[59] Wickens C D. An Introduction to Human Factors Engineering［M］. 2nd Edition. Upper Saddle River: Prentice Hall, 2004.
[60] 黄丽雅，陈奕冰. 强化案例教学在设计教学中的应用——以 Aeron 工作椅的设计为例［J］. 南京艺术学院学报（美术与设计版），2006（4）：110-112，202.
[61] Cheney S. Relationship of Sedentary Behavior and Physical Activity to Incident Cardiovascular Disease: Results from the Women's Health Initiative［J］. Journal of Emergency Medicine, 2013, 45（3）: 481.
[62] Chomistek K A, Manson E J, Stefanick L M, et al. Relationship of Sedentary Behavior and Physical Activity to Incident Cardiovascular Disease［J］. Journal of the American College of Cardiology, 2013, 61（23）: 2346-2354.
[63] 张锋涛. 手握式工具的人机关系设计研究［J］. 广西轻工业，2010，26（11）：60-61.
[64] 关婷媛. 手握式工具的人机关系设计研究［J］. 艺术品鉴，2019（15）：251-252.
[65] 刘威，杨家忠. 民用飞机驾驶舱新型人机交互方式综述［J］. 人类工效学，2024，30（3）：81-86.
[66] 吴明桓，魏国栋. 高铁人机交互界面的分析与设计［J］. 科技创新与应用，2017（3）：23-25.
[67] Wilson J R, Corlett N. Evaluation of Human Work［M］. 3rd Edition. Boca Raton: CRC Press, 2005.
[68] 潘林威，赵东，赵健，等. 基于人因工效的枸杞采摘姿势疲劳特性分析［J］. 林业机械与木工设备，2024，52（7）：64-70.
[69] 刘聪汉，李敏，陈楚，等. 配电岗位作业人员颈肩部工作相关肌肉骨骼疾患现况及影响因素［J］. 环境与职业医学，2025：1-9.
[70] 李博. 基于人机工程学的割灌机作业人体疲劳评估及实验研究［D］. 哈尔滨：东北林业大学，2018.
[71] 张莉立. 作业空间设计的定量分析与仿真［J］. 长沙铁道学院学报，1999（3）：86-90.
[72] 丁传锋. 基于人机工程学工程车辆驾驶室结构优化分析［J］. 机械设计与制造，2018（10）：176-179.
[73] 张华林. 基于 LabVIEW 快捷键应用研究［J］. 仪器仪表标准化与计量，2012（3）：22-23，48.
[74] 岳禹峰. 亚马逊欧洲区域物流信息管理系统优化设计［D］. 兰州：兰州大学，2022.
[75] 谭岐钰. 基于人因的霍尔印制板装配作业空间优化设计［D］. 湘潭：湖南科技大学，2022.
[76] 尹树文. 考虑作业空间干扰效应的重复性项目工期优化研究［D］. 重庆：重庆大学，2022.
[77] 吴越. 基于新型工装的车间手工装配生产效率提升的研究［J］. 中国现代教育装备，2020（19）：27-30.
[78] 彭事成. 罗技苏州办公空间设计研究［D］. 景德镇：景德镇陶瓷大学，2018.
[79] 谢欣. 某电商配送中心的布局规划［D］. 成都：西南交通大学，2022.
[80] 刘德利，黄志强. 长乐拉丁酒吧重大火灾引发的思考［J］. 武警学院学报，2009，25（8）：70-72.
[81] 严敏，刘毅，郑晖杰，等. 化工企业罐区事故成因综合分析［J］. 化工管理，2021（34）：132-135.
[82] 任广艳. 氯乙烯泄漏爆燃厂门口车毁人亡——河北张家口中国化工集团盛华化工公司"11·28"重大爆燃事故分析［J］. 吉林劳动保护，2019（2）：35-37.
[83] 乔晓魁. 基于独立式 PLC 的烟草高架库安全联锁装置［J］. 物流技术，2023，42（3）：120-122.
[84] 程林，马波勇. 蒸压釜安全连锁装置事故分析［J］. 设备管理与维修，2022（4）：20-21.
[85] 马朝辉. 机械设备的安全防护装置和使用信息［J］. 内燃机与配件，2020（19）：60-61.
[86] 李科君. 油田设备安全防护问题分析［J］. 中国设备工程，2025（S1）：168-170.

[87] 孙光瑜. 自动温控系统 [J]. 科学技术创新, 2018 (1): 27-28.
[88] 宋菲. 特斯拉 Autopilot 系统更新: 有提升但仍需继续 [J]. 产品可靠性报告, 2016 (11): 64-66.
[89] 沈瑛. 火力发电厂火灾爆炸危险性分析及评价研究 [D]. 西安: 西安建筑科技大学, 2016.
[90] 姚恩伟. M 公司智能生产系统的优化研究 [D]. 上海: 上海外国语大学, 2022.
[91] Dong L J, Zhou Y, Deng S J, et al. Evaluation methods of man-machine-environment system for clean and safe production in phosphorus mines: A case study [J]. Journal of Central South University, 2021, 28 (12): 3856-3870.
[92] 林芬, 林炀, 李肇裕, 等. 视频显示终端作业人群职业危害调查 [J]. 中国公共卫生, 2010, 26 (4): 435-436.
[93] 姜子奇. VDT 作业中体力负荷与脑力负荷作用机制的研究 [D]. 扬州: 扬州大学, 2024.
[94] 杨敏, 胡文杰. 上海绿地中心徐汇绿地缤纷城中国上海 [J]. 世界建筑导报, 2019, 33 (3): 119-122.
[95] 帅雨岑. 金蝶 EAS 制造执行系统的交互设计 [D]. 长沙: 湖南大学, 2017.
[96] 李玲玉, 李晶源. 家用电器的发展对厨房空间的影响 [J]. 设计, 2020, 33 (9): 131-133.
[97] 黄小晓. Netflix 对我国流媒体的借鉴意义探讨 [J]. 新媒体研究, 2019, 5 (7): 80-81.
[98] 张湛. 美国办公家具设计理念研究及实践 [D]. 南京: 南京理工大学, 2011.
[99] 吴泳江. 产线: 数字化转型的原点 [J]. 智能制造, 2020 (12): 22-24.
[100] 赖亮鑫. 虚拟数字人: 设计、创作与未来展望 [J]. 鞋类工艺与设计, 2024, 4 (17): 117-119.
[101] 赵博, 刘凤财, 向彩霞. 航空航天虚拟装配和虚拟维修进展综述 [J]. 导弹与航天运载技术, 2016 (5): 53-57.
[102] 吕春雨. 线上教学媒介在对外汉语教学中的应用研究 [D]. 昆明: 云南大学, 2021.
[103] 龚江丽, 彭莹辉, 姜海如, 等. 国内手机天气 App 服务发展状况概述 [J]. 气象科技进展, 2018, 8 (1): 38-40.

索　引

W

X

Y

Z